能源热交换桩
理论与技术应用

Theory and Technology
Application of Energy Piles

由 爽 编著

中国建材工业出版社

图书在版编目（CIP）数据

能源热交换桩理论与技术应用/由爽编著．—北京：
中国建材工业出版社，2016.4（2017.8 重印）
ISBN 978-7-5160-1391-5

Ⅰ．①能…　Ⅱ．①由…　Ⅲ．①地热能—热泵—研究
Ⅳ．①TH3

中国版本图书馆 CIP 数据核字（2016）第 064132 号

内 容 简 介

　　能源桩是地源热泵应用的一种新形式，是将地源热泵的地下换热器融合到建筑结构的地基基础中，充分地利用混凝土良好的导热性能，与周围大地形成热交换元件。本书分别对能源桩系统的工作原理、传热理论、测试技术、施工技术、传热性能及结构热响应特征等进行详细介绍，并着重对 CFG 复合桩基在浅层地热能中的应用进行了分析，本书出版有助于推广和详解能源桩的技术优势，对于从事地源热泵技术及建筑节能技术研究的技术人员及研究人员亦具有重要的参考价值。

能源热交换桩理论与技术应用

由　爽　编著

出版发行：中国建材工业出版社
地　　址：北京市海淀区三里河路 1 号
邮　　编：100044
经　　销：全国各地新华书店
印　　刷：北京雁林吉兆印刷有限公司
开　　本：710mm×1000mm　1/16
印　　张：7.75
字　　数：153 千字
版　　次：2016 年 4 月第 1 版
印　　次：2017 年 8 月第 2 次
定　　价：**68.00 元**

本社网址：**www.jccbs.com.cn**　　微信公众号：**zgjcgycbs**
本书如出现印装质量问题，由我社网络直销部负责调换。联系电话：**(010) 88386906**

前　言

在世界能源供应可持续性发展的背景下，建筑节能技术的推广应用势在必行，地热能等新型绿色能源的开发研究也已经成为一种趋势。地热能是来自地球深处的可再生性热能，目前对地热的利用主要为取用深层地热能进行供暖与地热发电等。随着近些年来地源热泵系统的广泛应用，浅层地热能已经引起了越来越多的重视，加速推动能源地下结构如基础底板、地下连续墙、桩基和隧道衬砌结构作为地下换热器的新型换热系统已迫在眉睫。

桩基埋管（俗称"能源桩"）就是地源热泵应用的一种新形式，将地源热泵的地下换热器融合到建筑结构的地基基础中，充分地利用混凝土良好的导热性能，与周围大地形成热交换元件。本书结合现场对能源桩结构换热性能的测试经验，综合叙述了地下换热器的理论模型，总结了能源桩施工技术，以及针对在换热过程中温度荷载、结构荷载和地下水渗流等方面对能源桩效能的影响，此外，针对能源CFG复合桩基工程实例进行深入剖析，力求理论与实际工程相结合、试验研究和工程应用相结合，对从事地源热泵技术及建筑可持续发展研究的技术人员及研究人员具有重要的参考价值。

本书的编写工作在北京科技大学完成，试验研究工作在清华大学程晓辉副教授指导下完成，感谢清华大学郭红仙副研究员、李翔宇、张志超、王浩给予的支持与帮助，感谢建筑科学研究院姚智全老师、张强的现场试验支持与鼓励，感谢北京科技大学纪洪广教授、王涛老师给予的支持与帮助，感谢李翔宇、高宇、张慧等在我的写作过程中提供的资料与帮助。特别感谢清华大学-剑桥大学-麻省理工学院低碳能源大学联盟（LCEUA）项目的支持。本书撰写过程中，参阅了大量国内外文献与同行工作，在此对他们的辛劳与工作一并表示感谢。

本书是结合本人博士后期间的研究成果和近几年工作中工程经验编写而成的。本人力求将最新的研究成果和信息奉献给读者，但由于水平所限，阐述的内容难免有疏漏和不妥之处，敬请专家和读者批评指正。

2016 年 1 月　北京科技大学

目　　录

Contents

Contents

1 能源桩地源热泵系统

伴随着人类的进步和社会的发展，能源的需求量越来越大。在能源利用总量不断增加的同时，能源结构也在不断变化（图 1-1）。每一次能源结构的变化都会推动人类社会的进步和发展。从一定意义上说，人类社会的发展史就是一部能源结构的演变史。

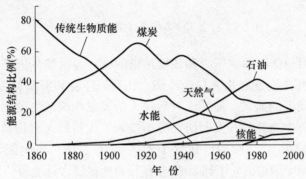

图 1-1　过去 100 多年世界能源结构变化[1]

能源资源的开发利用促进了世界的发展，同时也带来了严重的生态环境污染问题。化石燃料燃烧时产生的大量污染物，包括大量的 SO_2、NO_x 等有害气体以及 CO_2 等温室效应气体，引起了环境恶化、破坏生态平衡等一系列的问题，成为各国政府和公众关注的焦点[2]。科学观测表明，地球大气中 CO_2 的浓度已从工业革命前的 280ppmv 上升到了目前的 379ppmv，温室气体的大幅度增加使得全球平均气温也在近百年内升高了 0.74℃，整体呈上升趋势，特别是从 20 世纪 70 年代开始，伴随着工业化进程的进一步增速，平均气温上升势头更加迅猛[3]。

近年来，全球能源消费不断增长，石油价格持续攀升，人们越来越担心世界能源供应的可持续性。目前，世界能源供应主要依赖化石能源。世界化石能源剩余可采储量还有较长的供应保障期，尚未对能源供给形成实质性制约。未来能源供求关系和市场价格，将主要受能源开采利用技术、能源结构调整、环境与气候变化、国际政治经济秩序等多种因素影响。据世界能源委员会的观点，化石燃料的高峰时代已经过去了。虽然石油、天然气仍继续保持主导地位，然而可再生能源和核能源所占的地位越来越重要[4,5]（图 1-2）。预计可再生能源将成为世界主要能源消耗的重要构成，到 2050 年可再生能源将提供世界主要能源

1

的 20%～40%，到 2100 年将提供 30%～80%[6]。

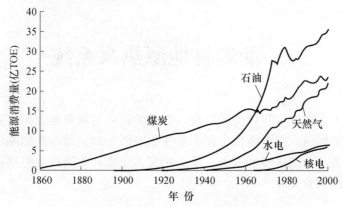

图 1-2　过去 100 多年世界能源消费变化[1]

为了减轻目前能源紧缺压力和环境污染问题，各国都在积极开发研究新型的绿色能源，可持续发展是人口、经济、社会、环境和资源相互协调的发展，是既能满足当代人的需求，而又不对后代人的需求构成威胁的发展。随后，世界各国都在可再生能源的开发和研究方面投入了大量的人力和物力，并且取得了一些阶段性成果[7,8]。欧盟已建立了到 2020 年实现可再生能源占所有能源 20%的目标，而中国也确立了到 2020 年使可再生能源占总能源的比重达到 15%的目标[9,10]。21 世纪是全球追求可持续发展的世纪，也是绿色建筑的世纪，因而新世纪的建筑能源应该是可再生能源，在世界其他国家是这样，在中国也将是如此。

中国正处在建筑业高速发展的阶段，每年新建成的建筑面积达 20 亿 m² 左右，是世界上最大的建筑市场，用于建筑物的能源消费逐渐上升[11]。推进建筑节能，政府办公用房、公共建筑设施应当先行，并引导居民住房和商业用房节能。建筑物节能技术的推广应用则更显得势在必行。

按所处空间位置的不同，可以简单地将建筑物划分为地上结构和地下结构。为了达到节能的目的，人们已经对地上结构采取了一系列的措施，比如在外墙的表面安置具有绝热功能的保温材料，这样就可以大大减少建筑物与外界空气进行的热量交换。然而地下结构过去只是单一地承担了力学功能的角色，随着科学技术的发展，地下结构（基础构件等）逐渐地发挥多重作用，不仅仅承担上部的荷载，还可以作为建筑物内部和地下土体之间的换热器，从而为建筑物供暖或者制冷[12]。

浅层地热资源[13～15]作为传统能源的辅助品甚至是替代品，由于其储量较大和广泛存在的特点，是一种具有极大潜能的可直接利用的再生能源。自 1855 年奥地利矿业工程师 Peter Ritter Von Rittinger 发明了热泵，地热资源被平板式或浅挖式集热器和钻孔式热交换器收集利用,已在奥地利广泛使用多年[16]。1990年以来,在发达的阿尔卑斯山地国家,如奥地利和瑞士,建筑物和交通基础设施的基础结构构件,如基础的底板、桩和地下连续墙和隧道衬砌等开始被用来汲取周围地基土的地热资源。这一开创性技术,充分利用了混凝土材料较大的热容量,有效地实现了地基土存储或释放热能,形成了兼供热和制冷于一体的地热基础(Energy Foundation),是可持续发展的洁净能源革新技术,又具有显著的节能和经济的效果。最近五六年来,由于国外发达国家建筑节能与 CO_2 减排的压力,该技术研究在英国、荷兰、德国等西方国家以及亚洲的日本迅速开展;与此同时,各国也相继出台并实施了一些鼓励性的政策法规,极大地推动了该技术的大范围推广。

近年来,为了推进浅层地热能的利用与地源热泵行业的发展,我国政府出台了一系列相关政策:

2006年1月1日,《中华人民共和国可再生能源法》[17]开始正式实施。地热能的开发与利用被明确列入新能源所鼓励的发展范围。

2006年4月,《国土资源"十一五"规划纲要》[18]出台,提出十一五期间要加大能源矿产勘查力度,"开展地热、干热岩资源潜力评价,圈定远景开发区"。

2006年8月,国家财政部发布的《可再生能源发展专项资金管理暂行办法》[19]中明确提出"加强对可再生能源发展专项资金的管理,重点扶持燃料乙醇、生物柴油、太阳能、风能、地热能等的开发利用"。其中第二章有关"扶持重点"第七条中提出要扶持"建筑物供热、采暖和制冷可再生能源开发利用,重点支持太阳能、地热能等在建筑物中的推广应用"。

2007年1月,建设部发布《建设事业"十一五"重点推广技术领域》[20],确定了"十一五"期间九大重点推广技术领域,其中"建筑节能与新能源开发利用技术领域"中重点推广太阳能、浅层地温能、生物能及其他能源利用技术;其中建筑节能改造技术重点推广供热采暖制冷系统节能改造技术。

2007年6月,国务院发布《国务院关于印发节能减排综合性工作方案的通知》(国发〔2007〕15号)[21],明确提出要"大力发展可再生能源,抓紧制订出台可再生能源中长期规划,推进风能、太阳能、地热能、水电、沼气、生物质能利用以及可再生能源与建筑一体化的科研、开发和建设,加强资源调查评价"。

从2006年到2008年,按照财政部、建设部《可再生能源建筑应用专项资金管理暂行办法》[22]的规定,三年财政补贴共支持了255个可再生能源建筑应用示范项目,其中70%是地源热泵项目。以国家财政补贴的方式扶持可再生能源在建筑领域的应用,是新中国历史上的第一次。这是一个显著的政策信号:中国的建筑节能将走节流与开源并重之路,政府将通过投入激励和带动社会资金,拉动可再生能源在建筑领域中的应用,推动国家节能、环保战略目标的落实。2009年起,技术成熟经济性较好的地源热泵系统已经进入城市级示范阶段,标志着可再生能源建筑应用规模化推广的开始。

目前，在建设浅层地热能利用系统前大多数没有开展地热能资源勘查和环境影响评价，从而造成能源利用效率不高，部分浅层地热能利用系统工程出现了明显的环境安全隐患。为了保证浅层地热能的合理开发利用，有必要结合地区发展建设和能源需求，进行浅层地热能资源调查评价，制定合理开发利用规划，确定有利的开发地段及适宜的开发利用方式，做到有序开发、合理利用、科学管理浅层地热能资源，系统开展区域浅层地热能资源评价，为政府统一规划浅层地热能资源、提高能源利用效率、保障能源安全的宏观决策提供基础依据。

1.1　浅层地热能的利用

地热能是来自地球深处的可再生性热能，它起源于地球内部的熔融岩浆与放射性物质的衰变。地热能的来源分为两个途径，一部分是来自地球外部，在地表以下约 15～20m 的范围内，由于受太阳辐射的影响，其温度有着昼夜、年份、世纪甚至更长时间的周期性变化，称之为"外热"；另一部分则是来自地球内部的热量，来自地球内部的熔岩，称之为"内热"。太阳的辐射热和地球内部热量之间的平衡关系决定了地球浅部的温度场，从地表向下大致可分为变温带、恒温带与增温带[23]（图 1-3）。

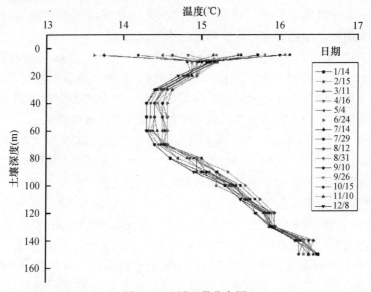

图 1-3　地层温带分布图

（1）变温带：地球最表层的温度场受太阳辐射热的影响而发生变化。

（2）恒温带：地球内热与太阳辐射热相互影响达到平衡。恒温带一般很薄，在垂直方向上有时可视为一个面，恒温带内太阳日、月、年的辐射热影响很弱，温度相对保持恒定。恒温带的埋深和温度大小是进行地温预测与计算的一个基础数据，它主要随地球纬度而变化。其中欧洲恒温带的平均温度为 10～15℃，而位于赤道附近的热带地区恒温带平均温度为 20～25℃。

（3）增温带：此带的地温特性与温度变化主要受地球内部的热量所决定。一般为越往深处温度越高。

日常生活中所说的地热是从对自然出露的温泉、地球的火山活动等现象的研究中开始的。进入 20 世纪中后期，开始大量开发利用地热资源，对地热资源的利用主要限于地热异常区或有热储存分布的地区。

目前对地热的利用主要为取用深层地热能进行供暖与地热发电等。而随着近些年来地源热泵系统的广泛应用，浅层地热能已经引起了越来越多的重视。地源热泵技术的日趋成熟有力地促进了浅层地热资源的广泛利用[24]。近年来，各国浅层地热的开发利用规模和发展速度都在快速增长。从国外发展趋势看，开发利用浅层地热能（蕴藏于地球浅部岩土体中的低温能源），将是地热资源开发利用的主流和方向[25]。

综上所述，可将广义的地热资源按照所处位置的不同划分为以下三部分[26]：

（1）变温带中的低温资源：位于地面表层，深度一般小于 30m（因地而异），热量来自太阳辐射能和地层深处的地热能。

（2）恒温带中的地热资源：位于恒温带之中，较经济的开采深度一般小于 200m 的低品位的地热资源，温度略高于当地平均气温 3～5℃（或接近当地平均气温），变化范围较为恒定，储存于地下岩石（土层）和岩石裂隙或孔隙的水体中。浅层地热能的最大优点是分布广泛，在任何区域都储存在浅层地表中。

（3）地热异常区的地热资源：分布于地热异常区（一般为天然温泉出露区）及隐伏于地下深部热储中具有开采经济价值的高品位地热资源。其来源为地球深部的热传导和热对流，储存于地下岩石（土层）和岩石裂隙或土层孔隙的水体中，温度随深度增加或离地热异常区的减小而增加，且大于 25℃。

浅层地热能是蕴藏在浅层岩土体和地下水中的低温地热资源。通常指地表以下一定深度范围内（一般为恒温带至 200m 埋深），温度低于 25℃，在当前经济条件下具备开发利用价值的热能[27]。

浅层地热能的能量主要来源于地球内部的热能（少部分来自太阳辐射），而这两种能源相对人类的历史来说为可再生能源[28,29]。从对浅层地热能的利用方式来看，冬季从地层中取出热量给建筑物供暖，而夏季吸收建筑物的热量释放到地层中储存，总体上能大致实现冬季、夏季地层的热量平衡，浅层地热能也因此可以得到循环利用。

1.2　地源热泵系统简介

热泵是通过做功使热量从温度低的介质流向温度高的介质的装置。热泵的概念最早在 1912 年由瑞士人提出，1946 年第一个热泵系统在美国俄勒冈州诞生[6]。地源热泵系统是以岩土体、地下水或地表水为低温热源的既可供热又可制冷的高效节能空调系统。建筑物的空调系统一般需满足冬季供热与夏季制冷两种要求，传统的空调系统通常需设冷源（制冷机）与热源（锅炉）。地源热泵系统利用浅层低温热源可对建筑物进行供热与制冷，供应生活热水，一套系统可以代替传统的锅炉加制冷机两套系统。通常地源热泵系统消耗 1kW 的电能就可以使用户得到约 3～4kW 的热量或冷量，因此它不仅比电锅炉以及传统空气源空调系统运行费用低，而且全年仅采用电力这类清洁能源，大大减轻了供暖造成的大气污染问题，而且由于热源温度受环境影响小全年较为稳定，系统的稳定性也可得到保证[30,31]。地源热泵系统是利用深/浅层热能为低温热源的空调系统。与传统的空调系统相比，其运营成本也相对较低，因而最近几年用于建筑物的供暖制冷的地源热泵系统以 10% 的年增长率增加[32]。地源热泵系统被美国环境保护协会（U. S. Environmental Protection Agency）认证为当今最环保、最舒适的空调系统之一[33]。

近年来，浅层地热资源的开发利用发展迅速，主要是采用地源热泵系统，在空旷的场地中埋设较多的钻孔埋管式地下换热器，利用浅层地热资源对建筑物进行供暖制冷[24,34]。地源热泵在日、韩、美及欧洲的应用较为普遍。据 2000 年的统计，在家用供热装置中，地源热泵所占的比例，瑞士为 96%，奥地利为 38%，丹麦为 27%[35]。在中国，北京是最早采用上述技术利用浅层地热资源的城市之一，从 1998 年开始进行示范，截至 2008 年底，全市已有约 1300 万 m²（占当年供暖总面积的 2%）的建筑利用浅层地热能供暖制冷[36]。目前，沈阳利用浅层地热能的建筑面积已达到 1800 万 m²，辽宁省已决定在全省推广应用热泵技术，开发利用浅层地热能资源。总体而言，我国浅层地热资源的开发利用与发达国家相比明显滞后[37]。

根据低温热源的不同，可将其分为地埋管地源热泵系统、地下水地源热泵系统和地表水地源热泵系统等[38]。水源地下换热器是地下水系统直接抽取地下水作为冷、热源，然后经过循环利用后，再回灌到地下。其优势为效率相对而言比较高，劣势在于地下水可能会腐蚀或阻塞管道和机组换热器，另外如果不能保证完全回灌和同层回灌，会破坏地下含水层的结构，严重的会导致地面下陷。而地表水系统主要从江河湖海中的水中提取能量，即直接抽取地表水和将换热器置于地表水中。其优势在于节省投资和占地面积，而问题主要是换热器结垢和对地表水源的污染。地源热泵交换器，主要是钻孔埋管式交换器，也有水平埋管交换器。前者的优点在于挖沟槽的成本较低，安装比较灵活；劣势是需要大量土地面积，土体温度易受季节影响，土体热工特性随时间、外部环境的不同而不同。而后者最大劣势就是初投资费用较高、要占用一定的土地面积。地下换热器与周围土体之间进行热传递，从土体中汲取低品位的能源，然后通过热泵，使低品位的能源转化为可以为建筑物供暖或者制冷的高品位能源。

　　本书中主要对地埋管地源热泵系统进行介绍。一个典型的地埋管地源热泵系统由地下换热器（主回路）、热泵机组、室内暖通设备（次回路）三部分组成[39]（图1-4）。

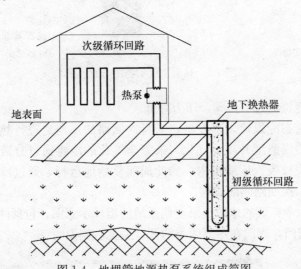

图1-4　地埋管地源热泵系统组成简图

　　主回路（Primary Circuit）是一个地下循环的闭合管路，其循环由一台低功率的循环泵来实现。闭合管路系统中是载热流体，如水、乙二醇、盐溶液等，最常用的是水－乙二醇混合液。它冬季从低温热源吸收热量，夏季向低温热源释放热量。

　　次回路（Secondary Circuit）即用于给建筑物加热或制冷的闭合管路。它一般埋置于建筑物上部楼板和墙中，也可应用于道路结构、站台和桥梁面板中。

　　主、次回路之间通过热泵机组进行连接，热泵机组主要由4部分组成：压缩机、冷凝器、蒸发器、节流阀（又称膨胀阀）（图1-5）。

　　机组回路的循环介质称为冷媒，一般为氟利昂或其他环保油。在热泵机组中，冷媒的循环有以下4个工作过程[39]：

　　（1）在压缩机的驱动和压缩动力下，气态冷媒被吸进压缩机内，被压缩成高温高压的气态冷媒。

　　（2）高温高压的气态冷媒流入冷凝器。来自主回路的水与之进行热交换，水的温度升高，气态冷媒温度降低及液化。

7

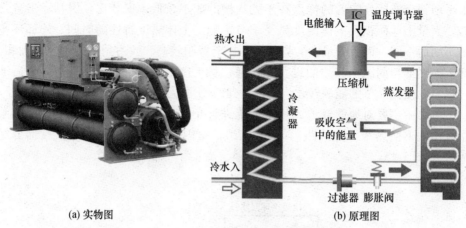

(a) 实物图　　　　　　　　　　　(b) 原理图

图 1-5　热泵主机实物图与原理图

（3）液态冷媒通过节流阀，压力降低。

（4）低压液态冷媒流入蒸发器，来自次回路的水与之进行热交换，水的温度降低，气态冷媒温度升高及气化。未完全气化的冷媒通过分液器实现气液分离，气态的冷媒被吸入压缩机内。如此周而复始地运行，通过冷媒的循环，实现了热量在主、次回路间的转移。

图 1-6 是一个典型的地源热泵空调系统的组成示意图，包括两台热泵，共有 V1～V4 四组阀门，阀门在冬夏两季的开、关见右侧说明。

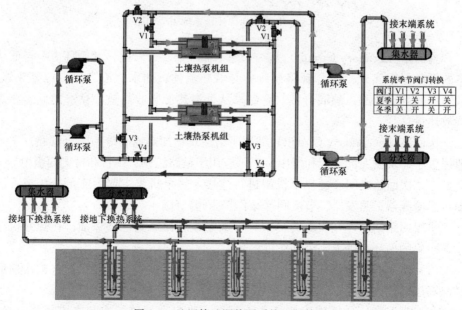

图 1-6　地埋管地源热泵系统运行简图

以夏季为例来说明地源热泵系统中主、次回路的连接：

地埋管（主回路）中流体的出口接入左下角的集水器，经过循环泵，通过V3阀门流入热泵机组的冷凝器，被加热后，通过V3阀门流入分水器，最后流入地下主回路。

上部建筑（次回路）中流体的出口接右上角的集水器，经过循环泵，通过V1阀门流入热泵机组的蒸发器，被冷却后，通过V1阀门流入分水器，最后流入建筑次回路。

冬季时，则通过改变阀门的开与关，使得主回路流入热泵机组的蒸发器，次回路流入热泵机组的冷凝器。

1.3　能源桩换热系统简介

1855年，奥地利采矿工程师彼得·里特尔·冯·里廷格（Peter Ritter Von Rittinger）发明了热泵，两年后，经证实安装在奥地利盐场的热泵每年可节省293000m³的木柴，自此，地源热泵系统开始在奥地利兴起。1980年代初，能源桩系统由奥地利开始提出（图1-7），继而推向瑞士和德国。能源基础也因此从最初的基础底板到能源桩（1984年）和地下连续墙（1996年），得到了初步的发展[6]（图1-8）。

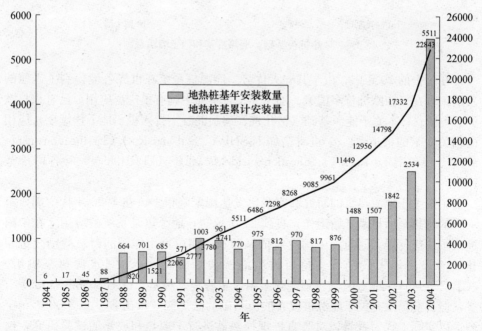

图 1-7　奥地利浅层地热桩基的发展情况

9

1994 年日本发的 K. Morino 率先在钢管桩中埋设管状换热器并提出桩埋管换热器的概念[40]。1999 年瑞士 EPFL 的 Pahud 博士提出混凝土桩中埋设 U 形管状换热器，并在慕尼黑机场大楼的 500 多根桩中应用[41]；2003 年瑞士 Laloui 教授正式提出地能转换桩，给出了施工工艺和现场试验结果[42]，2006 年给出地能转换数值模型[43]。2007 年日本北海道大学的 Yasuhiro 教授等对该技术进行了总结，开展了摩擦桩地能转换试验，从长期观测试验和建筑物的冷热负荷研究中得到桩埋换热器效率高等系列结论[44]。

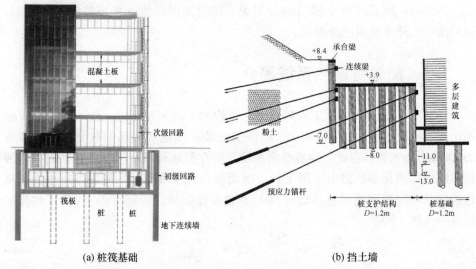

(a) 桩筏基础   (b) 挡土墙

图 1-8　地热桩筏基础、地热桩基和挡土墙示意图[14]

在过去的 20 年中，由于其先天优势，能源桩系统在世界各地得到了迅速的发展。现在已在欧洲许多国家、加拿大、日本和中国有了广泛应用。已有来自欧洲、英国、日本关于能源基础（钻孔桩、预制混凝土打入桩、地下连续墙）应用的相关文献的报道[45～49]。也有诸如 IGSHPA《Soil and Rock Classification manual》[50]、《Soil and Rock Classification Field Manual》（EPRI1989）[51] 等各国规范产生。

中国关于地源热泵的研究和实践比发达国家晚得多。在 1990 年代中期，第一个地源热泵项目刚开始运作，直到 21 世纪初，地源热泵系统的应用才在中国迎来了快速发展。同时，中国政府依靠颁布使用可再生能源的财政激励政策和相关法律法规来鼓励和支持可再生能源技术的发展，如《水源热泵机组》（GB/T 19409—2003）[52]、《地源热泵系统工程技术规范》（GB 50366—2005）[53] 等，但目前仍没有关于能源桩或者能源基础的法规或政策出台[54]。2002 年龚宇烈等以实际工程为背景，对竖直桩埋换热器进行了取热和放热的试验研究，仅从工程的角度对 U 形桩埋管进行了分析[55]。2004 年，余乐渊等采用经典的圆柱面热源模型对竖埋螺旋埋管地热换热器进行了分析，并对一竖埋螺旋管地源热泵系统进行了实验研究[56]。2005 年国内有人开始研究其与钻孔直埋管的对比[57]，建立了一套组合型地下埋管换热器地源热泵实验系统，由于回填材料等制约因素，相同实验工况下，得到了 U 形桩埋管的换热效果和换热稳定性要优于 U 形钻孔埋管。排热时，桩埋管比 U 形钻孔埋管的单位井深换热量提高 62.5%，取热时，提高约 16%。2006 年天津大学赵军等[58]针对南京某一地源热泵工程中的 186 根挤压桩开展了群桩中桩埋换热器温度效应研究，提出了热屏障概念。2007 年北京工业大学唐志伟等[59]在某市一小区会所 GSHP 地下系统采用 60m 桩埋管，并对其工艺进行了研究。2007 年同济大学李魁山等[60]对不同 U 形管（单 U 形、W 形、双 U 形、三 U 形）组合形式桩埋换热器的换热性能及土壤温升进行了研究。可见桩埋换热器的研究近年来越来越多，桩埋管换热器逐步成为研究的热点。

地热基础在中国最早的应用实例是 2004 年天津的能源桩项目工程。根据目前的资料统计，在中国大约有二十余栋建筑物使用了桩基埋管技术，有超过 10000 根桩正在使用中。仅在 2010 年上海世博会建筑世博轴项目上就安装了 6000 根桩。对于地下连续墙埋管项目，中国仅有上海自然博物馆见诸报道[61]。

将垂直埋管地源热泵系统与桩基础结合起来即形成一种特殊的应用技术——能源桩。能源桩系统利用桩基本身处于一定深度而常年保持恒定温度的地层中，以地热作为热源，将地下环路管系统直接植入桩基内，与地下工程部分结构一起形成地下换热器。通过能源桩，在制冷期，热量可以直接从建筑传送到地上，在采暖期，热量可以从地面转移到建筑中。这种浅层地热能的转化技术相比传统系统可节省三分之二的能量[62]。

地热能源桩采用间接换热器，封闭循环，热载体并不与土壤直接接触[63]。地层热量的回充（夏天）和提取（冬天）通常是通过埋置在桩基中的高密度聚乙烯（HDPE）管来实现的，因此，不需要额外的结构修饰来满足换热要求[13]。此外，HDPE 管的安装费用也相对较小[64]。载热流体在换热管中流动，实现地层和上部建筑之间热量的交换[65]。

系统的加热/冷却过程需要两个回路支持——埋置在桩基中的主回路和设置在上部建筑结构中的次回路。主回路埋置在地下，由桩、嵌入桩中的管道、在管道中流动的主回路流体（或称载热流体）以及桩间土构成。次回路在上部结构中，由嵌入在楼板、墙体、天花板等结构物中的封闭循环管道构成。两个回路由一个热泵连接，该热泵利用较低的电能输入，将建筑结构温度调节至人体适宜温度[6][58]。加热过程中，热泵从地层中吸取热量传递至上部建筑；冷却过程中，热泵逆循环，吸取上部建筑的热量传递至地层中，使暖通空调系统的能源消耗降低，从而减少 CO_2 的排放。这种创新技术应用比常规技术有更显著的经济效益，并且更加环保（图 1-9）。

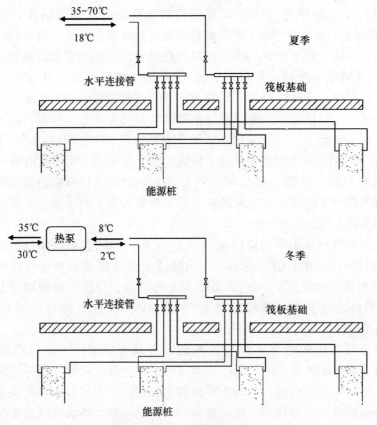

图 1-9　能源桩在冬季和夏季的工作原理示意图

　　截至目前，国内外对能源桩的研究与工程应用，主要针对大直径的钻孔灌注桩和人工挖孔桩[43,66~70]。其中，Pahud，Fromentin 以及 Hubbuch 三人为主的研究团队为 Zurich 机场大楼设计了 300 根直径 1000~1500 的能源桩，实现了能源桩作为桩基的成功尝试[41]。Laloui，Nuth 以及 Vulliet 对承受温度以及结构荷载的桩径 880mm 的能源桩进行热力耦合有限元模型的建立并进行原位热响应试验，试验表明能源桩最大热增量为 21℃ 且桩内相应荷载达到 1300kN。有限元模型用来模拟观测到的实验结果，得到数值模型可以重现真实的热力作用的结论[43]。Bourne-Webb 等在伦敦兰贝斯学院进行了桩头荷载为 1200kN 的能源桩热交换的结构响应试验，得出能源桩的岩土力学性能不会受到外部荷载过大影响的结论[63]。Hamada 等将带有换热管的摩擦桩作为地下换热器，服务于位于日本札幌地区的某办公居住两用建筑的空调系统，其对建筑物内冷热荷载进行了长期观测试验，研究表明使用能源桩的空调系统比传统空调系统节能 23.3%，证实了能源桩换热器的高效性[44]。Sekine 等将 U 形换热管嵌入钻孔灌注桩用来研究桩基系统的换热能力，试验表明冷却工作状态单桩热消耗平均值为 186~

201W/m，系统平均 COP 值为 4.89，研究表明该系统在节能方面的效率是传统 ASHP 系统的 1.7 倍。该系统完成单位热交换的建设成本为 US＄0.79/W，相对于传统钻孔系统的 US＄3/W 更加节约成本，这证实了能源桩系统进行商业推广的可行性[47]。

1.4 地下换热器埋管形式

地埋管地源热泵系统采用地埋管作为地下换热器，根据埋管方向的不同可分为水平埋管和竖直埋管[71]（图 1-10）。水平埋管是在地面开挖 1～2m 深的沟槽，具体深度可根据实际情况而定，每个沟中埋设聚乙烯管。水平埋管由于其占地面积大，现已很少采用。竖直埋管的形式是在地层中钻孔，在钻孔中放置聚乙烯管并用回填材料填实。钻孔埋管的深度一般在 50～150m 之间，钻孔口径一般在 120～150mm 之间。相比之下，竖直埋管换热器比水平埋管要更加节省土地面积，因此更适合于大规模的推广应用。

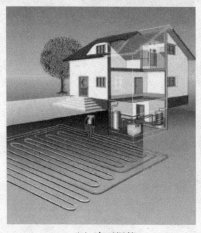

(a) 水平埋管　　　　　　　　　　　(b) 竖直埋管

图 1-10　地埋管地源热泵系统的分类

20 世纪 80 年代，奥地利和瑞士率先利用建筑物的基础进行热的交换[16]，起初利用基础底板，随着技术的发展，又出现了建筑基础埋管（图 1-11）、利用地下连续墙，甚至出现了将用于道路除冰的路面埋管[9]和隧道衬砌作为地下换热器的尝试。这类埋管形式不需要额外的钻孔，而是利用建筑物的基础底板、地下连续墙、桩基甚至隧道衬砌作为地下换热器。其核心的技术要点是：装有热媒介流体的吸热管插入传统的结构单元（例如：基桩、板桩、地下连续墙、基础底板或边墙以及隧道衬砌等）中（图 1-12），形成一个基本的地热能量交换回路。

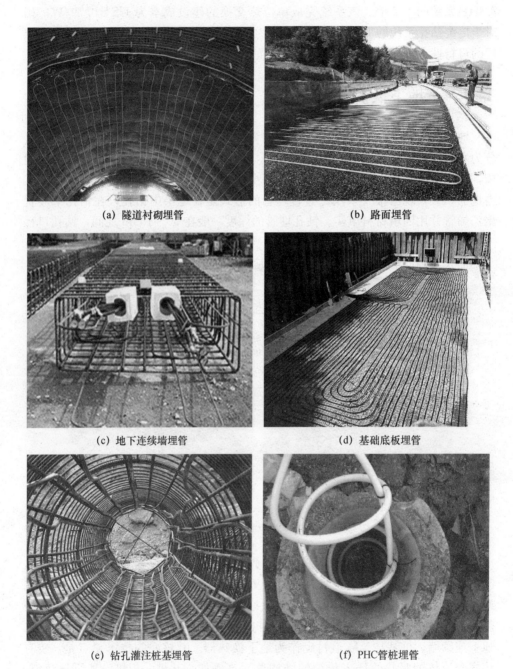

(a) 隧道衬砌埋管   (b) 路面埋管

(c) 地下连续墙埋管   (d) 基础底板埋管

(e) 钻孔灌注桩基埋管   (f) PHC管桩埋管

图 1-11　地源热泵系统的新型地埋管形式

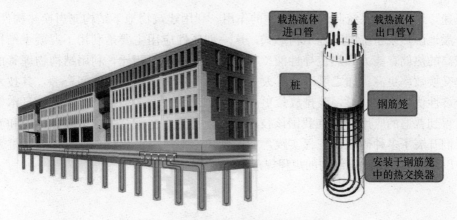

图 1-12 能源桩地下换热管构成示意图

其中，能源桩作为地源热泵的土壤换热器的一种形式，它把地下 U 形管换热器埋于建筑物混凝土桩基中，使其与建筑结构相结合，充分地利用了建筑物的面积，通过桩基与周围大地形成换热系统，从而减少了钻孔和埋管费用。由于建筑物桩基的自有特点，U 形管与桩、桩与大地接触紧密，从而减少了接触热阻，强化了循环工质与大地土壤的传热。目前国内外常见的桩基埋管换热器布管形式包括单 U、双 U 串联、双 U 并联（W 形）、三 U 并联和螺旋式等（图 1-13）。

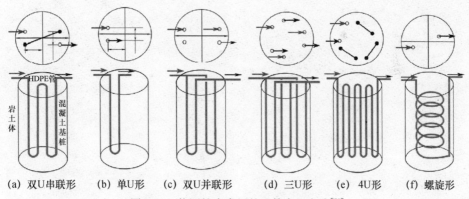

(a) 双U串联形　(b) 单U形　(c) 双U并联形　(d) 三U形　(e) 4U形　(f) 螺旋形

图 1-13　能源桩中常用的埋管布置方式[72]

1.5 小结

在社会各方面可持续发展的背景下，可再生能源的地位越来越高。浅层地热资源作为一种具有极大潜能的可直接利用的再生能源，由于其储量较大和广泛存在的特点，逐步进入人们的视野。近年来，浅层地热资源的开发利用发展迅速，地源热泵系统起到了主力军的作用。利用建筑物地下结构充当换热构件，扩展地源热泵系统的工程结构形式，这一创新性应用主要是利用了混凝土结构较高的热储存能力和热传导性能。与传统的钻孔埋管相比，利用结构物埋管的热交换效率更高，加之可以节省大量的钻孔费用和节省地下空间资源，其技术经济性优势十分明显，碳排放量更少。目前在欧洲许多国家、加拿大、日本等已得到普遍的应用[73]。在我国该技术也逐渐得到广泛重视，很多研究机构和学者们开展了多种研究和工程实践，如评价浅层地热能资源、合理设计能源桩系统以及完善能源地下结构的规程规范。

2 地下换热器传热理论模型

　　地下换热器传热模型的研究是地源热泵推广应用的前提与基础，建立准确而适宜的分析模型则是地源热泵动态模拟与优化设计的关键。同时，岩土热物性参数（包括岩土综合导热系数、钻孔内热阻等）也是地下换热器设计的基础数据，影响地下换热器的构造确定、井群布置方案等，进而影响系统初投资和系统运行策略，岩土热物性参数的确定是否符合真实值是地源热泵系统工程设计成败的关键。

　　能源桩的传热是一个复杂的过程，土壤中热传递的主要形式是热传导；其次是由于地下水的存在而引起的热对流；混凝土及土体与埋管之间的热传递是固体的接触为热传导；管壁与流体的热传递，以及管内流体内部的热传递则同时兼有热传导与热对流。在地源热泵系统中，热辐射一般可以忽略不计。理论上地下换热器的传热过程由如下五个部分组成（图2-1）：（1）U形管中流体内部的对流换热；（2）流体与管壁之间的对流换热以及管壁中的热传导；（3）管壁与回填材料/混凝土的热传导；（4）回填材料/混凝土中的热传导；（5）回填材料/混凝土与土壤的热传导以及土壤中的热传导。由于管壁的尺寸相对土体很小，所以现有的分析模型中大部分都忽略了管壁的作用，简化为流体直接与回填材料/混凝土进行传热。

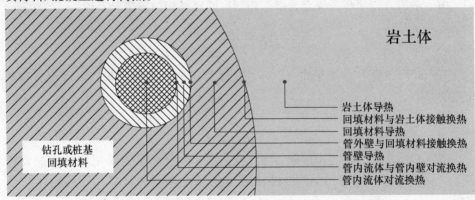

图2-1　桩基与钻孔埋管在水平截面的换热示意图

　　综合国内外有关的地下换热器传热模型，可将其分为两大类：理论模型，如无限长线热源模型、有限长线热源模型、空心圆柱热源模型以及实心圆柱热源模型等；数值模型，如有限差分模型、有限体积模型、有限元模型等。随着计算能力的提升，为了弥补解析解在近似与假设上的缺陷，取得更精细的模拟结果，有很多学者采用了数值模型来模拟 TRT 实验[74]。

2.1　无限长线热源模型

线热源模型最早由 Kelvin 于 1882 年提出，以一个恒定热流密度的无限长线热源为中心呈辐射状向周围传热，该模型的数学描述为：

$$\begin{cases} \dfrac{\partial T}{\partial t} = \alpha\left(\dfrac{\partial^2 T}{\partial r^2} + \dfrac{1}{r}\dfrac{\partial T}{\partial r}\right) \\ T(r,0) = T_0 \\ -\lambda\dfrac{\partial T}{\partial t}(0,t)\cdot 2\pi r\big|_{r=0} = q \end{cases} \tag{2-1}$$

式中　T_0——初始温度，℃；

　　　q——每延米加热功率，W/m；

　　　α——岩土热扩散率，m^2/s。

Carslaw 未能直接求得式（2-1）的完整解，而是于 1921 年得出了瞬时解[75]，即热源仅在初始时刻施加：$-\lambda\dfrac{\partial T}{\partial r}\cdot 2\pi r\big|_{r=0} = \begin{cases} q, & t=0 \\ 0, & t>0 \end{cases}$，瞬时线热源解表达式如下：

$$\Delta T = \dfrac{q}{4\pi\lambda t}\exp\left(-\dfrac{r^2}{4\lambda t}\right) \tag{2-2}$$

由于渗流方程与热传导方程形式相同，同属抛物型偏微分方程：

$$\dfrac{S}{k}\dfrac{\partial h}{\partial t} = \dfrac{\partial^2 h}{\partial r^2} + \dfrac{1}{r}\dfrac{\partial h}{\partial r}$$

Theis 于 1935 年参考了式（2-2），通过 Duhamel 积分，得到了渗流方程的完整解[76]：

$$\Delta h = \dfrac{Q}{4\pi k}\int_{\frac{r^2 S}{4kt}}^{\infty}\dfrac{e^{-u}}{u}du$$

随后 Carslaw 引用 Theis 解，于 1947 年正式给出了无限长线热源的解析解[77]，并由 Ingersoll 于 1948 年将其用于地下换热器的计算中，得到了广泛应用[78]：

$$\Delta T = \dfrac{q}{4\pi\lambda}\int_{\frac{r^2}{4\alpha t}}^{\infty}\dfrac{e^{-u}}{u}du = \dfrac{q}{4\pi\lambda}E_1\left(\dfrac{r^2}{4\alpha t}\right) \tag{2-3}$$

其中，$\Delta T = T - T_0$，$E_1(x)$ 为指数积分函数，$E_1(x) = \int_x^{+\infty}\dfrac{e^{-t}}{t}dt$。

E_1 (x) 在 x 较小时近似等于 $-\gamma-\ln x$ （$\gamma\approx0.5772$，欧拉常数），而且当 $x<0.05$ 时，近似误差小于 2%。将式 （2-3） 进行同样的近似，可得孔壁 $r=r_b$ 处的温升 ΔT_b：

$$\Delta T \approx \frac{q}{4\pi\lambda}\Big[\ln\Big(\frac{4\alpha t}{r_b^2}\Big)-\gamma\Big] ,\ F_0=\frac{\alpha t}{r_b^2}>5 \tag{2-4}$$

其中，$F_0=\alpha t/r^2$ 称为傅里叶数，$F_0>5$ 则是为了满足近似误差小于 2% 的条件。

地源热泵系统中更为关注的是流体温度，Mogensen 于 1983 年在式 （2-4） 的基础上引入了钻孔热阻 R_b[79]，根据热阻的定义：$T_f-T_b=q\cdot R_b$，其中 $T_f=(T_{in}+T_{out})/2$，T_f 为进出口流体温度的平均值，将其代入式 （2-4） 可得流体的温升 ΔT_f：

$$\Delta T_f=\frac{q}{4\pi\lambda}\ln(t)+q\Big[R_b+\frac{1}{4\pi\lambda}\ln\Big(\frac{4\alpha}{r_b^2}\Big)-\frac{\gamma}{4\pi\lambda}\Big] \tag{2-5}$$

当 q 为常数时，流体温度 T_f 与时间的对数呈线性关系，其斜率等于 $q/4\pi r$。现有的 TRT 测试通常以式 （2-5） 为理论基础，在对数时间坐标下通过斜率法拟合斜率，计算土壤的综合热导率。

线热源模型用于计算地下换热器时，作了如下假设：（1）岩土的初始温度均匀；（2）线热源的热流恒定；（3）岩土中的传热方式为径向导热，忽略岩土层中的热耦合；（4）岩土层与钻孔的接触良好；（5）岩土层为各向同性，热物性参数为常数。

总的来说，无限长线热源模型只是对地埋管实际传热过程的近似，它对多根管子之间的热短路以及运行时间对周围土壤的影响都没有考虑，因此这个模型的实际应用将受到一定的限制。但由于其计算简便，至今仍是地下换热器应用最为广泛的公式。

2.2　有限长线热源模型

无限长线热源模型中忽略了地表面作为一个边界的影响，而且无限长的假定在有些情况下并不适用，而 Eskilson 于 1987 年提出的有限长线热源模型则更好地描述了地下换热器在长时间运行时的传热过程[80]。

该模型假设半无限大介质的初始温度均匀为 T_0，在垂直于边界表面的一侧有强度为 q（W/m）的有限长匀强线热源，另一侧有强度为强度为 $-q$（W/m）的线热源（图 2-2）。根据模型的反对称条件，易得 ΔT $(r,0)=0$，因此 $z=0$ 的界面可近似为温度恒定的地表面。

Carslaw 于 1947 年推导了无限大空间中的点热源解：

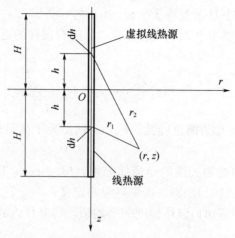

图 2-2 有限长线热源模型的计算简图

$$\Delta T(r,t) = \frac{q}{4\pi\lambda r}\text{erfc}\left(\frac{r}{\sqrt{4\alpha t}}\right) \tag{2-6}$$

Eskilson 利用式（2-6），将两侧的线热源分解为点热源沿着深度方向从 0 至 H 积分，即得有限长线热源的解析解如下：

$$\Delta T(r,z,t) = \frac{q}{4\lambda\pi}\int_0^H\left\{\frac{\text{erfc}\left[\frac{\sqrt{r^2+(z-h)^2}}{2\sqrt{Dt}}\right]}{\sqrt{r^2+(z-h)^2}} - \frac{\text{erfc}\left[\frac{\sqrt{r^2+(z+h)^2}}{2\sqrt{Dt}}\right]}{\sqrt{r^2+(z+h)^2}}\right\}\text{d}h \tag{2-7}$$

式中，$\text{erfc}(x) = \frac{2}{\sqrt{\pi}}\int_x^{+\infty}e^{-t^2}\text{d}t$ 为高斯余误差函数（Complementary Error Function）。

2.3 空心圆柱热源模型

Carslaw 于 1947 年提出了空心圆柱热源模型并求得了其解析解。该模型为一个内径为 r_0 的无限大空心圆柱，内边界施加恒定热流密度，数学描述为：

$$\begin{cases}\dfrac{\partial T}{\partial t} = \alpha\left(\dfrac{\partial^2 T}{\partial r^2} + \dfrac{1}{r}\dfrac{\partial T}{\partial r}\right) \\ T\big|_{t=0} = T_0 \\ -\lambda\dfrac{\partial T}{\partial r}\cdot 2\pi r\big|_{r=r_0} = q\end{cases} \tag{2-8}$$

式中 r_0——内半径，m；

20

q——每延米加热功率，W/m；

α——岩土热扩散率，m^2/s。

Carslaw 求得式（2-8）的解析解如下[74]：

$$\Delta T(r,t) = \frac{2q}{\pi\lambda}\int_0^{+\infty}(e^{-\alpha u^2 t}-1)\frac{J_0(ur)Y_1(ur_0)-Y_0(ur)J_1(ur_0)}{u^2[J_1^2(ur_0)+Y_1^2(ur_0)]}du \qquad (2-9)$$

由于式（2-9）有贝塞尔函数与无穷积分项，计算十分复杂，Ingersoll 于 1954 年给出了几条不同 r/r_0 取值下的函数曲线图形，并提出用一个 G 函数来代式（2-9）中的积分项[81]：

$$T(r,t) = \frac{q}{\lambda}G\left(\frac{\alpha t}{r^2},\frac{r}{r_0}\right) \qquad (2-10)$$

Bernier 于 2001 年针对一些 r/r_0 取值范围的 G 函数进行了公式拟合[82]，例如：

$$G(x,1) = 10^{-0.89+0.36\lg x-0.055\lg^2 x+0.0034\lg^3 x}\ (10^{-1}<x<10^6)$$

近年来国内外文献中应用圆柱热源模型计算地下换热器时，通常都选用 Bernier 的拟合公式。

2.4 实心圆柱热源模型

无限长圆柱热源模型忽略了钻孔内回填材料及埋管等的热容量，即把导热的区域看作是带有一个圆柱形空洞的无限大介质，而把管内流体的加热热流瞬时地施加到孔壁上，这种模型实际上是从另一个角度对钻孔内的传热进行近似，在时间很短时，也会较大地偏离实际情况。同样，对于直径最大可达 2m 的能源桩而言，不论是线热源还是空心柱热源模型，在几何上都有不合理处，据此，方肇洪于 2010 年提出了实心圆柱热源模型[83]。该模型的数学描述为：

$$\begin{cases} \dfrac{\partial\theta}{\partial t}=\alpha\left(\dfrac{\partial^2\theta}{\partial r^2}+\dfrac{1}{r}\dfrac{\partial\theta}{\partial r}\right)+\dfrac{q\delta(r-r_0)}{2\pi r_0\rho c}(0<r<\infty,t>0) \\ \theta=0(0<r<\infty,t=0) \\ \dfrac{\partial\theta}{\partial r}=0(r=0,t>0) \end{cases} \qquad (2-11)$$

式中　　θ——温度，℃；

t——时间，s；

r_0——桩半径，m；

q——每延米加热功率，W/m；

α——岩土热扩散率，m^2/s；

ρ——岩土密度，kg/m^3；

c——岩土比热容，$J/(kg \cdot ℃)$；

$\delta (r-r_0)$——Dirac-δ 函数，$\int_{-\infty}^{+\infty} \delta(r-r_0) = 1$。

推导出实心圆柱热源传热模型的解析解：

$$\theta(r,t) = \frac{q}{4\pi\lambda} \int_0^\pi \frac{1}{\pi} E_1 \left(\frac{r^2 + r_0^2 - 2rr_0\cos\varphi}{4\alpha t} \right) d\varphi \tag{2-12}$$

式中　　λ——岩土的热导率，$W/(m \cdot ℃)$；其余物理量意义与前面相同。

实心圆柱热源模型不区分桩土，将其看为均一传热介质，即该解析解用于计算桩截面温度时，桩的热物性参数视为与岩土体相同。

2.5　其他传热理论模型

Eskilson 等[77]基于有限长线热源的解析解和 G 函数建立了一种模型，然后利用二维显式有限差分求解的方法计算线热源周围土体的温度；Lei[84]利用二维双柱坐标体系解决三维的瞬态热传递问题转化为二维的瞬态热传递问题。在相关假设的前提下，对管子附近区域采用 Crank-Nicolson 隐式有限差分的方法进行求解以提高计算的精确度，对土体区域采用显式有限差分格式进行求解以加快计算时间；Rottmayer 等[85]以显式的有限差分技术为基础建立了三维 U 形管地下换热器的数值模型，该模型为柱形，其高度为钻孔深度，半径大小等于远场的半径，为方便划分网格利用非圆形截面来代替管子的圆形截面；R. Al-Khoury 等[86,87]提出 PLAXIS 模型，该模型是基于有限元法建立的三维模型，可真实地反映真实的热传递过程。该模型可以模拟在土体表面与周围空气发生热对流时，有渗流现象发生时，换热器与周围土体的稳态或者瞬态热传递。其中土体单元节点只有一个自由度——温度，换热器的单元的每个节点上有三个自由度：工质进口温度、工质出口温度、回填材料温度。由于该模型只适合于设计装有单 U 形管或者双 U 形管的地下换热器，由于该模型尚处在验证阶段，其计算结果只适应于具有多年工程经验的工程师，不宜大规模推广使用；Lee 和 Lam[88]在直角坐标系下应用三维隐式的有限差分方法建立了一个钻孔地下换热器的数值模型，其圆形钻孔用方柱代替，避免划分网格式时细小网格的产生；Li 和 Zheng[89]建立了以有限体积法为基础的三维非结构型数值模型，该模型利用 Delaunary 三角形划分法对垂直于钻孔截面的横截面进行划分，为了提高计算精度，将三维土体划分为多层土体，随着钻孔深度的不同，便于计算流体温度的变化引起周围土体温度的变化值。该模型解决热传导和热对流的耦合分析，反映真实的传热情况，然而由于与周围土体相比，U 形管换热器的尺寸要小得很多，使得其三维模型的单元数目较多，计算时间较长，不适合于实际工程中的设计分析。

进入 21 世纪以来，最新的分析模型更多地关注相互耦合的热传递，以便较好地模拟地下换热器的真实换热状况；研究回填材料对换热过程的影响，从而提高换热器在土体中的换热效率，降低系统初投资；为了进一步优化地源热泵系统，有关地下换热器与热泵配置的最佳匹配参数的研究也在开展[39]。

2.6 小结

截止目前，地下埋管换热器理论模型已提出三十余种，已有学者对不同热源模型进行了计算，在采用基于最小二乘的斜率法（fitting slope algorithm）来推算土壤热导率时，各个模型之间的结果相差不超过 15%[90]，所以，在诸理论模型应用过程中，无限长线热源模型因其计算简便，至今仍是地下换热器应用最为广泛的模型；有限长线热源模型最大优势是更好地描述了地下换热器在长时间运行时的传热过程；空心圆柱面热源模型更多考虑实际情况，在处理钻孔埋管传热问题时忽略了圆柱面内部介质的热容量，同时把埋管的散热看成是直接作用在钻孔壁上。但该模型实际上也是从某个角度对钻孔内的传热进行近似，在时间很短时，也会较大地偏离实际情况；实心圆柱面热源模型与空心圆柱面热源模型不同，圆柱面内部不是空洞，而是有均匀材料填充，模型更加接近实际情况。实心圆柱面热源模型不仅适用于桩埋螺旋管换热器的传热分析，在应用于竖直钻孔埋管地热换热器短时间的传热分析时，也优于传统的线热源模型和空心圆柱面热源模型[80]。

3 能源桩换热性能测试技术

准确测定地下岩土热物性参数，真实地了解地下埋管换热器的换热能力，为地源热泵设计者提供准确的热物性参数，是发展和推广利用浅层地热能进行供暖、制冷的地源热泵技术的关键。根据计算，当地下土壤的热导率或热扩散率发生10%的偏差时，地下埋管设计长度偏差为4.5%～5.8%，将导致钻孔总深度的变化。由于钻孔的成本较高，因此必须准确地测量土壤的热物性参数。

岩土热物性现场测试技术的发展可以追溯到1983年，在斯德哥尔摩举行的国际能源机构国际会议上，Mogensen首次提出了地下换热器的现场测试热传导方法，即热响应测试（Thermal Response Test，TRT），从此开启了现场试验技术的发展历程；1995年，瑞典开发出第一台热物性参数现场测试装置"TED"；1998年，美国Oklahoma State University研制出一个与"TED"类似的仪器，实现了该技术在美国的推广应用；随后瑞士、挪威、荷兰、英国、德国、加拿大、土耳其等国家在瑞典和美国设备基础之上开发出了各自的热响应测试设备；2000年后，我国有关科研机构、高校、企业单位也先后开始研究岩土热物性参数对系统设计的影响并研制热物性测试仪（详见3.2节）。

3.1 现场测试分类

目前工程上常用的现场测试的方法主要有两种：（1）恒定热流法；（2）恒定进口温度法。在国外，20世纪90年代初，岩土热物性测试已经广泛应用于实际工程，在恒定热流热响应测试方法渐趋成熟的同时，北欧出现了恒定供水温度热响应测试方法。在国内，从20世纪90年代末期开始，多家科研机构对热响应测试方法进行了研究。我国的《地源热泵系统工程技术规范》（2009年局部修订）要求，当建筑面积大于5000m²时应做岩土热响应试验。

恒定进水温度法的热响应试验是近年来在我国开发的，已有清华大学、华清集团和同济大学[91]等单位应用的报道。该方法在试验中保持进水温度一定，再由测得的流量和回水温度得到回路中的换热量。这种方法的主要目标是确定在"稳态"下每米钻孔的传热量，恒定进水温热响应测试方法因简单易懂、工程操作便利等优点，近年来逐渐得到了推广与应用。

（1）恒定热流法（Thermal Response Test，TRT测试）

1983年在斯德哥尔摩举行的国际能源机构国际会议上，Mogensen首次提出了地下换热器的现场测试热传导方法，称之为热响应测试[76]。现如今，TRT 测试是国际地源热泵协会（IGSHPA）标准所推荐的确定岩土层的热物性参数（包括导热系数、钻孔热阻、体积比热容等）的方法。

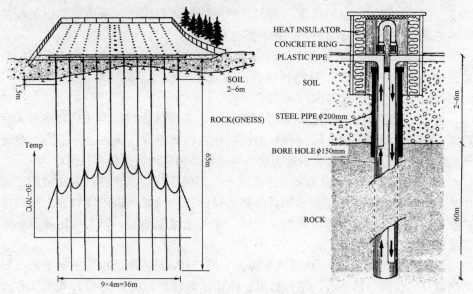

图 3-1　Mogensen（1983）热响应测试

TRT 测试通过电加热器提供一个稳定的加热功率，记录进、出口温度随时间的变化图（3-2）。在地下换热器与土壤的传热过程中，管内循环工质进出口温度逐渐升高，经历足够长的时间后，达到传热平衡。TRT 测试通常以公式（2-5）为理论基础，在对数时间坐标下通过斜率法拟合斜率，计算土壤的综合热导率。采用恒热流法理论设计的热响应测试装置在结构上简单，控制也比较方便，测试的精度容易达到。

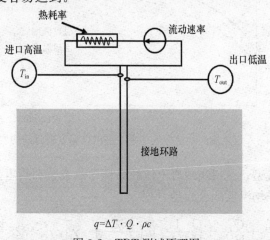

$$q = \Delta T \cdot Q \cdot \rho c$$

图 3-2　TRT 测试原理图

TRT 测试建立在对岩土施加恒定加热功率之上，测试的关键问题是提供给地下换热系统稳定的加热功率且加热过程持续不间断，因此测试过程对供电安全和供电质量有较高的要求。该方法测试仪器的结构和控制都较简单，测试的精度也容易保证，不仅能计算出岩土导热系数和体积比热，还能估算出工程需要的总埋管数量，因此国内外的标准都将其作为推荐热响应测试方法。

TRT 测试的不足之处是不能反映热泵系统实际的运行状态，不能直观给出单位延米地埋管换热量，只能利用估算的总埋管长度反算出单位井深换热量，因而得到的只是一个参考值。

此外，TRT 测试能通过测试数据获取岩土热物性参数，但加热功率是人为选定，测试过程与系统实际运行状态往往存在较大差异，该方法并不能直观得到系统换热能力，因而在分析地源热泵应用效果和适用性方面存在困难。

因此，TRT 测试可以用来大致估算出工程的埋管量。该测试方法适用于需要确定地埋管地源热泵岩土热物性参数的设计初期阶段，该阶段对岩土热物性参数进行分析以判断工程所在地是否适合采用土壤源热泵，以及确定地源热泵系统埋管数量等问题。

恒热流法 TRT 是国际地源热泵协会（IGSHPA）标准所推荐的确定岩土层的热物性（包括导热系数、钻孔热阻、体积比热容等）的方法[47]，其测试方法是通过电加热器提供一个稳定的加热功率，记录进、出口温度随时间的变化（图 3-3）。在地埋管换热器与土壤的传热过程中，管内循环工质进出口温度逐渐升高，经历足够长的时间后，达到传热平衡。

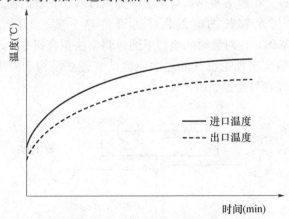

图 3-3　恒热流法稳定加热功率下进出口温度随时间的变化

根据线热源模型，获得当地岩土体的综合导热系数和热阻。计算任意时刻 t 循环工质进出口平均温度的公式是[92,93]：

$$T_{\mathrm{f}} = T_{\mathrm{ff}} + \frac{Q}{H}R_{\mathrm{b}} + \frac{Q}{H}\frac{1}{4\pi\lambda_{\mathrm{s}}}\left[\ln\left(\frac{16\lambda_{\mathrm{s}}t}{d_{\mathrm{b}}^2\rho_{\mathrm{s}}c_{\mathrm{s}}}\right) - \gamma\right], \quad t \geqslant 1.25\frac{d_{\mathrm{b}}^2\rho_{\mathrm{s}}c_{\mathrm{s}}}{\lambda_{\mathrm{s}}} \tag{3-1}$$

式中 T_f——埋管内循环工质的平均温度，℃；

　　T_{ff}——无穷远处土壤温度，℃；

　　t——时间，s；

　　Q——加热功率，W；

　　H——测试孔深度，m；

　　R_b——钻孔内热阻，℃·m/W；

　　λ_s——岩土的综合导热系数，W/(m·℃)；

　　$\rho_s c_s$——岩土的容积比热容，J/(m^3·℃)；

　　γ——欧拉常数，$\gamma \approx 0.577216$。

（2）恒定进口温度法（Thermal Performance Test，TPT 测试）

恒温法则是一种比较直观有效的测量地源热泵地下换热器与周围土壤的换热量的方法。该方法主要通过温控器调节加热器（或制冷系统），保持地下换热器埋管进口水温恒定。记录埋管的进、出水温度和循环水流量计算钻孔的单位深度换热量[89]。其中进、出口温度随时间的变化如图 3-4 所示。

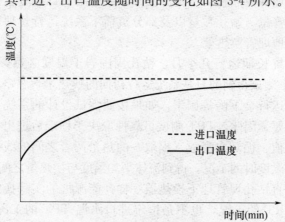

图 3-4　恒温法换热器出口温度随时间的变化

$$Q = mc_p(t_{out} - t_{in}) \tag{3-2}$$

$$q = \frac{Q}{H} \tag{3-3}$$

式中 q——平均每延米换热功率，W/m；

　　m——质量流量，kg/s；

　　c_p——循环工质的比热，J/(kg·℃)；

　　t_{out}——流出地埋管的循环工质温度，℃；

　　t_{in}——流进地埋管的循环工质温度，℃；

　　h——钻孔深度，m。

该方法可以根据工程运行要求使埋管换热器进口温度恒定，方便计算得到延米换热量，但是由于系统长期运行几个月，钻孔周围岩土温度必然会升高或者降低，这样会导致"恒温法"测试得到的只是系统运行初期的换热量，系统长期运行后换热量必然降低。如果按照测试设计的系统长度必然不能满足实际工程的需要。"恒温法"测试可靠性取决于稳定后进出口温度的平均值与原始地温的差值、循环水释放（提取）的热量两者之间的线性度。一般来说需要做不同进口温度时的工况，得到流体平均温度与换热量之间的线性关系。

在国内，TPT 测试渐趋成熟，国内有多家企业和研究机构开发了利用变频设备调节加热功率维持地下换热器进水温度恒定的方法，对地下换热器的换热能力直接进行测量，例如直接采用小型热泵机组进行加热或制冷以稳定进水温度。

TPT 测试对测试的控制要求高，计算岩土热物性参数的模型复杂，但由于与系统实际运行状态接近，能反映热泵系统实际的运行状态，能直观给出参考单位井深换热量，这与 TRT 测试相比较，结果更可靠，对实际工程的实用性更好。单位延米地埋管换热量对于地源热泵系统方案设计起着重要作用，设计负荷下的系统总埋管量、钻孔数量以及部分负荷下系统运行管理策略的确定都需要计算单位延米地埋管换热量。

但是由于系统长期运行几个月，钻孔周围岩土温度必然会升高或者降低，这样会导致 TPT 测试得到的只是系统运行初期的换热量，忽略了换热量随着地埋管系统长时间运行会下降等因素，如果按照测试设计的系统长度必然不能满足实际工程的需要。因此，TPT 测试可靠性取决于稳定后进出口温度的平均值与原始地温的差值、循环水释放（提取）的热量两者之间的线性度。一般来说需要做不同进口温度时的工况，得到流体平均温度与换热量之间的线性关系。

如同传统垂直钻孔埋管地下换热器一样，能源桩的实际换热工况，既不是恒定热流密度 TRT 的工况，也不是恒定进口水温 TPT 的工况。实践中发现，TRT 测试更适用于测试岩土热物性参数，而 TPT 测试则更适用于直接测试地埋管的换热能力。作为能源桩工作状态传热性能的静态分析与设计，有必要对其在上述两种工况条件下都分别进行实测试验研究，以期对其传热性能进行全面分析。随着技术的发展，两种热响应测试方法都将不断成熟，单一方法在应用中往往不能解决理论分析与实际工程问题，可结合实际需求将两者结合。

3.2　测试仪器设备

测试仪器的研制和发展是理论结合工程实际的具体表现之一。瑞典于 1995年开发出第一台热物性参数现场测试装置[94]。该设备名叫"TED"，由瑞典 Lulea University of Technology 大学的 Eklof C. 和 Gehlin S. 研制成功。装置被放置在一个有顶的小拖车上，由加热器、循环水泵、膨胀罐、温度传感器、数据记录仪等组成。

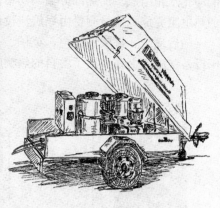

图 3-5 瑞典热响应测试仪器"TED"

"TED"的加热器加热范围是 3～12kW，在此范围内可以进行分级调节；循环水泵功率为 1.75kW；膨胀罐容积为 85L，具有为系统补水的作用；温度传感器用来测量地埋管进出口流体温度（图 3-6）。自 1996 年起，瑞典使用此设备对多个区域进行了 TRT 测试，研究了土壤导热系数的地区差异。近几年，瑞典还对地下水流动对测试的影响，土壤原始温度的测量，测试数据处理对实验结果的影响等一系列关键问题进行了研究。

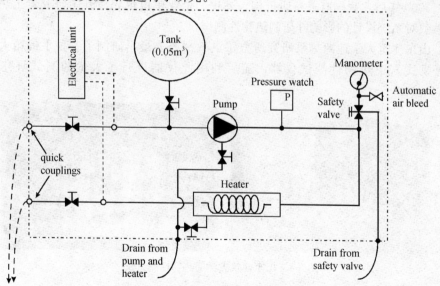

图 3-6 "TED"仪器设备原理图

同时，一个与"TED"类似的仪器由美国 Oklahoma State University 研制，并于 1998 年由 Austin 报道测试的相关内容（图 3-7）。该装置放置于类似于集装箱式的拖车上，设备主要由一个数据采集仪器、两个发电机与一个容量为 300L 的净化水箱组成。加热部分输入功率范围为 0～4.5kW，温度测量由两个高精度的热电阻完成，流量测量由涡旋流量计实现。

随后瑞士、挪威、荷兰、英国、德国、加拿大、土耳其等国家在瑞典和美国设备基础之上开发出了各自的热响应测试设备。

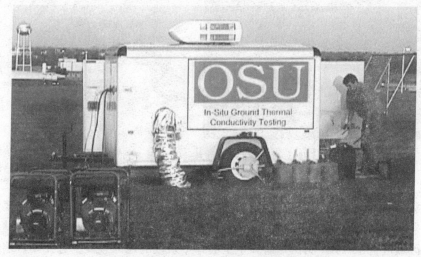

图 3-7　美国 Oklahoma 热响应测试仪器[95]

2000 年后，我国有关科研机构、高校、企业单位也先后开始研究岩土热物性参数对系统设计的影响并研制热物性测试仪。

山东建筑大学地源热泵研究所方肇洪教授等人最早研制了一种手提箱大小的便携式岩土热物性测试仪器，随后利用此仪器进行了大量的测试研究[96]（图 3-8）。

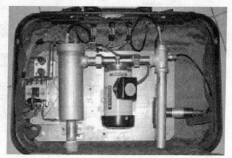

图 3-8　山东建筑大学的热物性测试仪

中国地质大学马志同、夏柏如等研制了一种利用加热器作为热源的浅层岩土热物性参数测量仪，并且开发了地埋管测试数据处理软件[97]（图 3-9）。

北京工业大学刘立芳、丁良士等研制了土壤导热系数现场测定仪[98]，对北京工业大学实验室的八种地埋管钻孔在不同回填料下进行了 TRT 测试，并得出有效导热系数并进行分析（图 3-10）。

图 3-9　中国地质大学的热物性测试仪　　　图 3-10　北京工业大学的热物性测试仪

吉林大学王庆华、孙友宏等研制了浅层岩土体热物性原位测试仪[99]（图 3-11），利用研制的测试仪进行地下储热和取热的实验，输入的热流采用恒热流和变热流两种方式；采用不同传热模型计算地下岩土的热传导系数、钻孔热阻和土壤比热等热物性参数；分析不同计算条件和不同传热模型对热传导系数等的影响。

图 3-11　吉林大学的热物性测试仪

本课题进行的现场测试均采用清华大学土木系委托南京丰盛能源制作的电加热式热物性测试仪（图 3-12）进行。仪器由以下部分组成：电加热器、保温水箱、循环水泵、循环管道、流量计、温度计、功率传感器、数据采集系统、计算分析软件。

热物性测试仪的工作原理为：在启动测试仪之前，将地埋管换热器的两端分别与测试仪管路的进出口端连接，组成一个闭合回路；当闭合回路水满时，补水箱的溢水管有水流出。开启循环水泵，在循环水泵的作用下，循环水进入电加热器，在电加热器的恒定功率作用下被加热，之后进入循环水泵，流经流量计，然后回到地下。在水的流经途中，进、出口温度传感器采集的进出口水温，流量计采集的循环水流量信号，功率传感器测得的电加热器功率信号均传送给数据采集系统，其中，仪器加热功率的范围为 $0\sim8kW$，循环水流量的范围为 $0.6\sim6m^3/h$，供水温度控制精度为 $0.1℃$。

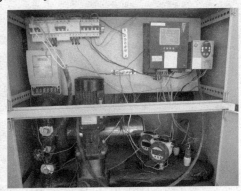

图 3-12 清华大学的热物性测试仪

3.3 现场测试技术要求

清华大学热物性测试仪进行现场测试时，通常按以下六个步骤进行：

（1）钻孔静置。当采用原浆＋砂＋膨润土完成测试孔回填后，应放置至少 48h 以上，再进行岩土热响应测试，其目的有两点：一是使回填料在钻孔内充分地沉淀密实；二是使钻孔内温度逐渐恢复至与周围岩土初始温度一致。当采用水泥作为回填材料时，由于水泥在水化过程中会出现缓慢放热，测试孔应放置足够长的时间（宜大于 5d），以保证测试孔内温度恢复至与周围岩土初始温度一致。

（2）连接钻孔（桩）中埋设的 U 形管与地上测试装置的循环水管道进出口，并用绝热材料做好外露管道绝热保护工作。

（3）在不打开电加热器的情况下，开启流量循环，在管路中闭式循环 4h 后认为循环水与周围土壤近似达到热平衡，进孔温度传感器和回水温度传感器测出的温度平均值，即为埋管深度范围内地层原始温度平均值。

在开始热响应测试前测试初始地温，仅开启循环水泵，记录地埋管换热器进出口温度，如图 3-13 所示。待运行 4h 以后，进出口温度达到基本稳定（温差小于 0.1℃），取稳定后的进出口平均温度作为试验工点岩土体的初始平均温度。

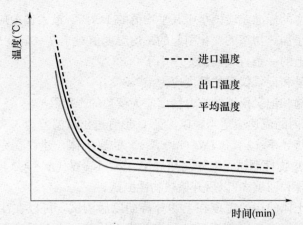

图 3-13　初始地温测试中换热器进出口温度随时间变化

（4）给电加热器供电，保持加热器功率恒定或进口温度恒定，同时以一定时间间隔记录不同时刻的测量数据：地下换热器进出口水温，循环水流量，加热器加热功率。

（5）达到测试所需时长后，先关闭加热器，随后关闭循环水泵电源。

（6）排干管道内的循环水，断开 U 形管与地上循环水管道的连接，并做好地下换热器 U 形管的保护工作，以防止被其他杂物堵塞。

我国的《地源热泵系统工程技术规范》（2009 年局部修订）对 TRT 测试的试验方法做出了一些具体规定：

·测试孔的深度应与实际的用孔相一致。

·岩土热响应试验应在测试孔完成并放置至少 48h 以后进行。

·岩土初始平均温度的测试应采用布置温度传感器的方法。测点的布置宜在地埋管换热器埋设深度范围内，且间隔不宜大于 10m；以各测点实测温度的算术平均值作为岩土初始平均温度。

·岩土热响应试验应连续不间断，持续时间不宜少于 48h。

·试验期间，加热功率应保持恒定。

·地埋管换热器的出口温度稳定后，其温度宜高于岩土初始平均温度 5℃以上且维持时间不应少于 12h。

·地埋管换热器内流速不应低于 0.2m/s。

·试验数据读取和记录的时间间隔不应大于 10min。

在国外，ASHRAE 与 IGSHPA 也对 TRT 测试的设备和技术提出了一些类似的要求[100]。其中，ASHRAE 手册对现场 TRT 测试的具体要求是：

·热物性测试的时间应为 36～48h。

·加热功率应为每米钻孔 50～80W，大致为实际 U 形管换热器高峰负荷值。

• 加热功率的标准差应该小于其平均值的 1.5%，最大偏差应小于平均值的 ±10%；或由于加热功率的变化引起的平均温度值对于 T（温度）－$\log t$（时间的对数）坐标上的一条直线的偏差应小于 0.3℃。

• 温度测量和记录仪器的精度应为 ±0.3℃。

• 功率传输和记录仪器的综合精度应为读数的 ±2%。

• U 形管内的流速应适当，以保证 U 形管进出口温差为 3.7～7℃。

• 对于低热导率 [$\lambda < 1.7\text{W}/(\text{m} \cdot \text{℃})$] 的岩土体，建议在完成埋管和回填 5d 以后再开始热物性测试；对于高热导率 [$\lambda > 1.7\text{W}/(\text{m} \cdot \text{℃})$] 的岩土体，则建议在完成埋管和回填 3d 以后开始热物性测试。

• 地下岩土体的初始温度在上述等待期以后测试，可以在注满水的管中在三处不同的深度直接插入测温元件测定并求平均值，或在循环泵刚启动后测定 U 形管的出口水温代表岩土体初始温度。

• 数据采集的频率不少于 10min 一次。

• 所有地面以上的管路应采用厚度不小于 13mm 的闭孔隔热材料或具有同等效果的措施进行保温。试验装置应设置在由不小于 25mm 玻璃纤维层隔热或具有同等隔热效果的密闭小室中。

• 如果需要对钻孔重新进行测试，则需要等 U 形管回路中的温度回复到与初始温度的差值不大于 0.3℃方可进行。如果已经进行了完整的 48h 测试，对于中等或高导热率的地层，这一过程通常需要 10～12d，对于低导热率的地层，则需要 14d。如果已经进行的测试时间较短，则等待的时间也可相应缩短。

3.4 岩土热物性参数

岩土体热物性指岩土体热物性参数，包括岩土体综合导热系数和综合比热容等。岩土热物性测试主要目的即为获得岩土初始平均温度，岩土综合导热系数、综合比热容。土体的热物性测试具体获得如土壤密度、土壤比热容、土壤导热系数和土壤导温系数等参数，这是地源热泵系统设计中的重要参数，决定了地源热泵系统中的埋管深度、埋管间距、U 形管的进出口温差、地下换热量的设定，因此，对土壤热物性的研究对地下换热器的设计有着决定性的意义。

在岩土的热物性参数中，最重要的是岩土的热导率 λ、比热容 c 以及热扩散率 α。

1. 热导率 λ [W/(m·℃)] 表征了岩土导热能力的大小，是沿热流传递方向上温度降低 1℃时单位时间内通过单位面积的热量。常见岩土的热导率范围为 0.5～5W/(m·℃)。

岩土的热导率受到温度、压力、含水量、密度以及土体成分等方面因素的影响。其中，岩土的孔隙率和含水率的影响较大，一般来说，岩土的热导率随孔隙率的增加而降低，随湿度的增加而增加，因为固体的热导率大于液体且远大于气体。此外，岩土中水的冻结可以提高岩土的热导率，因为在 0℃时水的热导率为 0.57W/(m·℃) 而冰则达到了 2.18W/(m·℃)。

常见的岩土的热导率可以从手册中查得，而对于大型工程则需要现场实验，经常采用的方法是原位 TRT（Thermal Response Test）实验，即热响应实验[101]。

2. 比热容 c [J/(kg·℃)] 为单位质量的物体，温度上升 1℃时所吸收的热量。常见土的比热容范围为 1000～3000J/(kg·℃)。

比热容的大小与物质微观结构无关，因此对于土体而言只需将各个组分的热容乘以比例求和即为土体的总热容。土体的主要成分中矿物成分和有机物成分的热物性质相近，因而水的含量对土的比热容值影响最大。

土的比热容随含水量的增加而增加，在冻结时其比热容减小，因为冰的比热容为 1884J/(kg·℃)，而水的比热容为 4200J/(kg·℃) 左右。

3. 热扩散率 α（m^2/s）是一个综合性参数，反应了岩土的导热与传热能力，见公式（3-4）。

$$\alpha = \frac{\lambda}{\rho c} \qquad (3-4)$$

热扩散率主要反映了岩土的热惯性特征，即热量在岩土中传播的速度与深度，它在热量传递的计算过程中起着重要作用。

岩土的热扩散率随岩土的质地、干容重和含水率的大小而变化。对于同一岩土，其导热系数和比热容均随土壤含水率的增高而加大。在含水率较低时，随着含水率的增加，岩土导热系数的增幅较比热容的增幅要快，但当含水率较高时，情况则相反。因此，热扩散率先是随含水率的增加而加大，当含水率达到某一定值后，热扩散率则随含水率的增加而减小。

附录 A 为我国《地源热泵系统工程技术规范》列出的几种典型岩土热物性参数取值，为后续的讨论与计算分析提供数据依据[27]。

3.5 实验室测试方法

现场测试虽能获得原状土体的热物性和换热性能，但其成本高、人力消耗大、连续测试时间长，受自然环境影响等因素会导致试验产生一定的误差，所以，也可通过现场取样法在实验室实验中间接获得土体的热物性参数。确定地下岩土热物性参数的传统方法是首先根据钻孔时取出的样本确定钻孔周围的地质构成，查阅《地源热泵系统设计手册》、IGSHPA《Soil and Rock Classification manual》《Soil and Rock Classification Field Manual》（EPRI 1989）来确定每一层岩土的导热系数[27,50,51]。然而地下地质结构构成非常复杂，难以得到整个深度范围内岩土结构的详细资料，即使同一种土壤，在不同情况下其平均热物性参数也有一定差距。如致密黏土为 1.4～1.9W/(m·℃)，致密砂土 2.8～3.8W/(m·℃)。另外，岩土结构混合程度在视觉上很难准确确定，再加上地下水或地下缝隙等一系列因素的影响很难考虑在内。工程上从安全因素考虑，通常取导热系数的小值，从而单孔换热量也就选取了最小值，结果导致钻孔深度过长，钻孔数量增加，进而造成埋管换热器的成本增加。

从其测试原理的不同，实验室导热系数试验可分为两类：稳定态法和不稳定态法。通常采用稳定态法测定，基于稳态平板法测试原理，在热面导入稳定的热面温度，热量通过试样传递给冷面（室温），测量传递的热流，再根据试样的厚度和传热面积可计算导热系数和热阻，导热系数计算公式：

$$\lambda = \frac{Q \cdot L}{A(T_A - T_D)} \tag{3-5}$$

式中　T_A——试样热面温度，℃；

　　　T_D——试样冷面温度，℃；

　　　A——试样截面积，m^2；

　　　Q——热流，W；

　　　L——试样长度，m。

岩土比热容试验方法采用了量热法。在试样中心插入热电偶，可准确测量试样热量传递过程，与水温热电偶数值比较，能判断热量传递后达到温度平衡状态。此仪器采用了高精度的测温热电偶和测温仪表，保证了测量的准确性。比热容计算公式：

$$c = \frac{c_W \times M_W \times \Delta T_W}{M_S \times \Delta T_S} \tag{3-6}$$

式中　c——比热容，kJ/(kg·℃)；

　　　c_W——纯水比热容，kJ/(kg·℃)；

　　　M_W——纯水质量，kg；

　　　ΔT_W——水土稳定温度和初始水温度之差，℃；

　　　M_S——土样质量，kg；

　　　ΔT_S——土样最高温度和水土稳定温度之差，℃。

另外，还可以通过热探针法手段对钻孔取样进行分析，探针结构通常包括一个内部加热器、至少一个温度传感器嵌入一个陶瓷绝缘体或者环氧树脂材料中，这些组件用不锈钢材料进行封装，大多数该类探针长度为 15～30cm。实验室测试时，将探针放入柱状岩土样品中心，然后加热岩土样品，温度传感器测量该加热条件下的温度响应，然后计算得到岩土的导热系数。但是取出的样本一般是一些碎屑，会因温湿度、岩土结构、水和空气的比率等的改变而不能准确地反映导热性能，因此只有在现场直接测量才能正确得到地下岩土的平均热物性参数。

实验室法是对勘察孔不同深度的岩土体样品进行测定，然后以其深度加权平均，计算岩土体的热物性参数。实验室法存在沿孔深方向岩土体结构及热物性变化大、测试样品取样至检测过程中水分有可能变化等缺点，测试结果的准确性会受到影响。相对而言，现场测试法一般对两个及以上勘探孔进行测试，然后取算术平均值，其结果更接近实际情况。

3.6　案例分析

本项目天津滨海新区某建筑场区内具有代表性的钻孔灌注桩内埋置换热管，测试桩直径 700mm，桩长 43m，桩内采用双 U 串联（W 形）埋管，沿钢筋笼内侧绑扎直径 32mm 的高密度聚乙烯（HDPE）换热管。首先通过对测试桩开展了现场原位的岩土的热物性测试，测试方法为章节 3.1 介绍的岩土热响应测试。待桩施工完成 10d 后，对其进行换热性能测试，启动热响应测试仪器在不加热的情况下连续 4h，待进出口水温差小于 0.1℃后，确定初始平均地温为 16.3℃（图 3-14）。随后热泵开启，流量设为 0.8m³/h，进出口水温差 2.5℃，加热功率为 2.3kW。图 3-15 为进口水温和回水温度随时间的变化曲线。依据第 2 章柱热源计算模型，计算岩土体综合导热系数 $\lambda_s = 2.22W/(m \cdot ℃)$，钻孔内热阻 0.23m·℃/W。从测试结果获得本地区的岩土体综合导热系数高于依照《地源热泵系统工程技术规范》查到致密黏土（含水量 15%）导热系数介于 1.4～1.9W/(m·℃)，致密砂土（含水量 15%）导热系数介于 2.8～3.8W/(m·℃)等土体的导热系数。

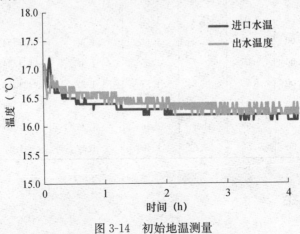

图 3-14　初始地温测量

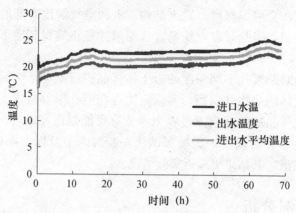

图 3-15 进、出口温度随时间的变化曲线

依据本地区的地质水文情况，查阅相关的文献，为了验证地下水的影响情况，对原状土进行了实验室热物理测试。在测试桩周围钻孔，按照地层分布，分成 9 个断面，距地面每隔 5m 取一个原状土样，进行实验室热物理测试。从表 3-1 实验室热物理测试结果来看，各层岩土体的导热系数介于 1.27～2.01W/(m·℃) 之间，平均导热系数为 1.54W/(m·℃)。而原位测试的结果 2.22W/(m·℃) 明显高于室内实验结果，这一部分原因可能是实验室试样的含水量在运输途中有所损失；重要的是这也表明由于该地区紧靠水库产生的地下水流动对能源桩的换热性能也有所影响。

表 3-1 实验室热物理试验结果

名称	取样深度 (m)	密度 (g/cm³)	含水率 (%)	干密度 (g/cm³)	导热系数 [W/(m·℃)]	比热容 [kJ/(kg·℃)]	热阻 (m·℃/W)
黏土	5.00	1.88	33.6	1.41	1.45	1.10	0.024
黏土	10.00	1.85	37.8	1.34	1.53	1.22	0.023
粉土	15.00	2.05	21.4	1.69	2.01	1.50	0.017
粉土	20.00	2.03	22.2	1.66	1.98	1.54	0.018
黏土	25.00	1.97	26.7	1.55	1.45	1.24	0.024
粉质黏土	30.00	1.99	26.8	1.57	1.27	1.20	0.028
黏土	35.00	1.92	31.4	1.46	1.29	1.37	0.026
黏土	40.00	1.92	31.1	1.46	1.35	1.49	0.026
黏土	45.00	1.93	30.6	1.48	1.50	1.41	0.023

3.7 小结

土壤热物性的研究对地下换热器的设计有着决定性的意义，岩土的热物性参数决定着地源热泵系统中的埋管深度、埋管间距、U 形管的进出口温差、地下换热量的设定等，这使得岩土热物性参数的准确测定意义重大。地下换热器试验技术的发展为准确测定地下岩土热物性参数提供保障。测试分为现场测试和实验室测试两种：现场测试方法主要为恒定热流法（TRT 法）和恒定进口温度法（TPT 法），两种测试方法各有利弊。实践中发现，TRT 测试更适用于测试岩土热物性参数，而 TPT 测试则更适用于直接测试地埋管的换热能力。作为能源桩工作状态传热性能的静态分析与设计，为了对其传热性能进行全面分析，有必要对其分别进行两种工况下的实测试验研究。两种热响应测试方法也随着技术的发展不断成熟，为了更好地解决理论分析与实际工程问题，可将两种方法结合应用。现场测试虽能获得原状土体的热物性和换热性能，但其成本高、人力消耗大、连续测试时间长，受自然环境影响等因素会导致试验产生一定的误差，所以，也可通过现场取样法在实验室实验中间接获得土体的热物性参数。

4 能源桩基埋管施工技术

能源桩的主要类型包括现浇混凝土能源桩和预制混凝土能源桩。在欧洲，现浇混凝土桩能源桩的应用最为普遍；在日本，现浇混凝土能源桩已成为大型建筑物能源桩系统的首选，自 2000 年，大口径的钻孔灌注桩的使用一直呈稳步上升趋势。然而，现浇混凝土能量桩由于涉及连续的桩基开挖、螺旋打桩和热交换器不连贯的安装，这些因素都可能会影响到其最终的整体性，预制混凝土能源桩开始占据优势。本章将对现浇混凝土能源桩和预制混凝土能源桩的施工顺序进行介绍。

4.1 能源桩施工原则

换热桩基施工前应首先做好现场勘查工作，根据现场地质勘查资料及业主对工程的要求制定详细的施工组织方案，施工过程中应遵循以下原则：

（1）详细了解埋管场地内已有地下管线、其他地下构筑物的功能及其准确位置，并应进行地面清理，铲除地面杂草、杂物，平整地面。

（2）施工过程中应严格检查并做好管材保护工作。

（3）管道连接应符合以下规定：①埋地管道应采用热熔或电熔连接，聚乙烯管道连接应符合国家现行标准《埋地聚乙烯给水管道工程技术规程》（CJJ 101）的有关规定；②弯管接头宜选用定型的 U 形弯头成品件，不宜采用直管道搣制弯头。

（4）确保地埋管换热器的位置位于项目规划红线以内。

（5）因地制宜选择合适的成孔方式。

（6）在地埋管布置区域内按照设计图纸标记出地埋管的位置，现场标记位置应保证设计间距。

（7）换热器安装前后均应对管道进行冲洗。

（8）当室外环境温度低于 0℃时，不宜进行换热桩基的施工[102]。

4.2 能源混凝土灌注桩施工技术

现浇混凝土能源桩通常其施工工艺是根据桩径，将 2 根以上的换热管与钢筋笼固定在一起，然后插入钻孔中，最后充填混凝土。此外，现浇桩形式的能源桩因桩体施工方法的不同而有所差异，对于水泥搅拌桩，由于桩体本身没有加筋，而且桩体的强度较低，在施工结束后立即通过人力或机械迅速插入竖直的换热管；在钻孔灌注桩施工时，将换热管捆绑在钢筋笼上，然后一起置于钻孔中，浇筑混凝土后形成闭合的地下地热交换器。

4.2.1　钻孔工艺

钻井前首先应根据施工图对场地进行平整，确定打井位置，钻机就位后要保证钻机钻杆的垂直，防止垂直偏差将已有管道损坏。打井过程中安排质量检查员随时检查打井位置，确保打井位置的正确。打井完成后应检查打井的深度和打井的质量，做好隐蔽工程记录，报监理验收。

常用成孔方法分为以下四种：干作业成孔[102]、泥浆护壁成孔[103]、套管成孔[104]以及人工挖孔[105]。

干作业成孔灌注桩适用于地下水位以上的黏性土、粉土、填土、中等密实以上的砂土、风化岩层，成孔时不必采取护壁措施而直接采用螺旋钻机取土成孔。

泥浆护壁成孔灌注桩是用泥浆来保护孔壁，防止孔壁塌落，排出土渣而成孔。其适用于地下水位以下的黏性土、粉土、砂土、填土、碎（砾）石土及风化岩层，以及地质情况复杂、夹层多、风化不均、软硬变化较大的岩层，但在岩溶发育地区应慎重使用。常用的泥浆护壁成孔机械有回转钻机、潜水电钻机、冲击式钻孔机等。

套管成孔灌注桩又称沉管灌注桩，是用沉桩机将带有活瓣式桩尖或钢筋混凝土预制桩靴的桩管振动（或锤击）沉入土中，然后边浇筑混凝土，边振动（或锤击），边拔出桩管而成桩。

人工挖孔灌注桩适用于无地下水或地下水较少的黏土、粉质黏土，含少量的砂、砂卵石、姜结石的黏土层，单桩承载力高，受力性能好，桩质量可靠。挖孔前应事先编制好地下水防治方案，采用一定的降水或阻水方法，避免产生渗水、冒水、塌孔、挤偏桩位等不良后果[106]。

4.2.2　绑扎换热管

换热管的质量对换热系统至关重要。进入现场的地埋管及管件应逐件进行外观检查，破损和不合格产品严禁使用。不得采用出厂已久的管材，宜采用刚制造出的管材。

地埋管应采用化学稳定性好、耐腐蚀、导热系数大、流动阻力小的塑料管材及管件，宜采用聚乙烯管（PE80 或 PE100）或聚丁烯管（PB），不宜采用聚氯乙烯（PVC）管，管材与管件应为相同材料。聚乙烯管应符合《给水用聚乙烯（PE）管材》（GB/T 13663）[107]的要求；聚丁烯管应符合《冷热水用聚丁烯

（PB）管道系统 第2部分：管材》（GB/T 19473.2）[108]的要求。地埋管换热系统多采用高密度聚乙烯（PE）管，即HDPE管。

地埋管质量应符合国家现行标准中的各项规定，管材的公称压力及使用温度应满足设计要求，且管材的公称压力不应小于1.0MPa。地埋管的外径及壁厚可按《地源热泵系统施工技术规范》（GB 50366—2005）的规定选用（附录B）。

换热管绑扎在能源钢筋笼上有两种方法：一是下笼时一起插入，随插随绑；二是在下钢筋笼前在地面上预先绑定，后者适用于桩身较短的情况，应用较为普遍。具体包括施工前准备、制作U形管、压力测试、U形管底部固定、U形管分段绑扎放入、检查压力。

为避免沉桩过程中桩壁对换热管的摩擦，并防止运输过程或混凝土浇筑过程中换热管脱落，换热管应牢固地绑扎在钢筋笼内侧。可以选用拉紧线、尼龙绳或铁丝来绑扎换热管，做好对接头多余部分的处理，绑扎点在相邻两根竖向主钢筋和横向钢筋圈的接点处最牢靠，防止浇筑混凝土时换热管垂直移动。

钢筋笼在地面上绑扎好，需满足钢筋焊接、绑扎的施工验收规范要求。钢筋笼施工完毕，下井前将PE管绑扎在钢筋笼上。绑扎时应具体注意如下事项：

1. U形管底部固定，U形弯部分用槽型钢管保护，U形管从底笼内部穿入，至离底笼最下面约30cm处，用铅丝固定绑扎在固筋上。

2. PE管应紧贴钢筋绑扎。

3. 绑扎材料采用20cm长塑料绑带，绑扎间距应不大于30cm。

4. 第一节下井钢筋笼上部应预留1mPE管，中间钢筋笼两端各留1mPE管不进行绑扎，待两笼对接就位，PE管连接完毕再进行绑扎。

5. 绑扎完的PE管两端应采取封口处理，防止杂物进入管道。

当第一截钢筋笼下井完毕，第二截钢筋笼就位焊接之前，防止电焊施工飞溅火花或电焊高温烫伤PE管，应对PE管采取保护措施，可采用橡塑保温套管保护，原因如下：

1. 橡塑保温材料采用具有隔热特点，可防止焊接高温对PE管材质的影响。

2. 橡塑保温材料一般为难燃B1级，可防止电焊飞溅火花引起的燃烧。

3. 橡塑保温套管在电焊施工完毕无其他影响时（如焊接高温），可将其方便地拆除，并可多次利用，成本相对较低。

根据对施工现场钻孔观察，井内均有大量积水，一般同地面标高持平。因此橡塑保护套管的保护位置一般为焊接点向上80cm至水面下10cm。当钢筋笼焊接完毕（焊接时间约40min左右），待焊接点冷却15min方可进行PE管连接，PE管施工时间约为15min，施工应严格按照热熔标准操作，热熔完PE管应按照要求绑扎[109]。

4.2.3 吊放钢筋笼

桩孔挖好并经有关人员验收合格后，即可根据设计的要求放置绑扎好 PE 管的钢筋笼[110]。放置前要清除油污、泥土等杂物，防止将杂物带入孔内。吊放钢筋笼具体注意事项如下：

（1）钢筋笼的顶端应设置 2～4 个起吊点。钢筋笼直径大于 1200mm，长度大于 6m 时，应采取措施对起吊点予以加强，以保证钢筋笼在起吊时不致变形。

（2）吊放钢筋笼入孔时应对准孔位，保持垂直，轻放、慢放入孔。入孔后应徐徐下放，不得左右旋转。若遇阻碍应停止下放，查明原因进行处理。严禁高提猛落和强制下入。

（3）钢筋笼吊放入孔位置容许偏差应符合下列规定：钢筋笼中心与桩孔中心±10mm；钢筋笼定位标高±50mm。

（4）钢筋笼过长时宜分节吊放，孔口焊接。分节长度应按孔深、起吊高度和孔口焊接时间合理选定。孔口焊接时，上下主筋位置应对正，保持钢筋笼上下轴线一致。

（5）钢筋笼全部下入孔后，应按设计及上述第（3）条要求，检查安放位置并做好记录。符合要求后，可将主筋点焊于孔口护筒上或用铁丝牢固绑于孔口，以使钢筋笼定位；当桩顶标高低于孔口时，钢筋笼上端可用悬挂器或螺杆连接加长 2～4 根主筋，延长至孔口定位，防止钢筋笼因自重下落或灌注混凝土时往上窜动造成错位。

（6）桩身混凝土灌注完毕，达到初凝后即可解除钢筋笼的固定，以使钢筋笼随同混凝土收缩，避免固结力损失。

（7）采用正循环或压风机清孔，钢筋笼入孔宜在清孔之前进行，若采用泵吸反循环清孔，钢筋笼入孔一般在清孔后进行。若钢筋笼入孔后未能及时灌注混凝土，停隔时间较长，致使孔内沉渣超过规定要求。应在钢筋笼定位可靠后重新清孔。

4.2.4 浇筑桩身混凝土

钢筋笼吊入验收合格后应立即浇筑桩身混凝土。能源桩对回填料的要求如下：回填料应采用网孔不大于 15mm×15mm 的筛进行过筛，保证回填料不含有尖利的岩石块和其他碎石。因此灌注桩所用混凝土中的骨料应满足上述尺寸要求。

当桩身内渗水量不大时，抽除孔内积水后，用串筒法浇筑混凝土。如果桩孔内渗水量过大，积水过多不便排干，则应采用导管法水下浇筑混凝土[111]。

导管法浇筑混凝土时要格外谨慎，应使用导管将混凝土引至孔底。在导管的安置与提升过程中，要始终保持垂直和居中，这样才有利于导管周边阻力以及混凝土充实桩体时的流动压力均匀，降低或减少混凝土对换热管的冲击力和磨损。在浇筑完成确定管路无泄漏后，为防止混凝土的冷凝热，PE 管内的水应保持循环，以及时带走混凝土冷凝热对 PE 管的影响。

浇筑过程中还需考虑以下注意事项：为保证回填均匀且回填料与管道紧密接触，回填应在管道两侧同步进行，同一沟槽中有双排或多排管道时，管道之间的回填压实应与管道和槽壁之间的回填压实对称进行。各压实面的高度不宜超过 30mm。管腋部采用人工回填，确保塞严、捣实。分层管道回填时，应重点做好每一管道层上方 15cm 范围内的回填。管道两侧和管顶以上 50cm 范围内，应采用轻夯实，严禁压实机具直接作用在管道上。

浇筑过程中注意留取混凝土试块，按照《混凝土质量控制标准》（GB 50164—2011）[112] 进行传热性能检测。

4.2.5　灌注桩截桩

待灌注桩强度达到规定强度时候可进行截桩，截桩方式有水平截桩和垂直截桩两种。当截桩高度较小时一般采用机械或人工垂直截桩。施工时应注意避免将 PE 管损坏。如果灌注桩浇筑过程中截桩高度过高时可采用水平截桩先截去部分，再采用垂直截桩。但需注意水平截桩时必须先将 PE 管凿出截断，否则会在截桩过程中将 PE 管拉断，造成废桩。

由于截桩过程极易对管道进行损坏，需要对管道采取一定的保护措施，如设置顶部套管。在最后一节下井至地面标高 1m 时，应对整组连接完毕的 PE 管进行强度试验（一般水注入后 10min 压降小于 0.05MPa 即为合格），试验合格后两端应用管帽封闭。目的一是防止水泥浆进入 PE 管；二是管道内存水可在混凝土浇灌时保证 PE 管不变形。

根据灌注桩施工规范规定及相关工程施工经验，一般截桩高度为 $0.6\sim$ $1.2m$ 之间。为防止截桩时对 PE 管的破坏，在承台底部标高上下各 1.5m 设置 DN50 钢保护套管（长度为 3m），保护套管的长度一定要大于截桩高度，适当留出余量。换热管接出钢筋笼的顶端安装阀门和压力表，便于进行压力测试。换热管顶端安装管帽进行密封保护，防止混凝土浆料等其他杂质掉入换热管内。钢套管应和钢筋笼用铁丝固定，为防止移位应在下端焊接固定环同螺旋筋固定。

此外，土方开挖时也应对地埋管采取一定的保护措施：（1）土方开挖时，首先对机械施工人员交底，告之地下有地热管，开挖时应注意；（2）应有专人随同开挖，遇到保护管时指挥避让，采用人工清土；（3）因 PE 管在保护套管内，轻微撞击对其无影响[113]。

4.2.6　管道打压检测

为保证管道安装施工合格，需在特定时间进行多次水压试验进行检测。《地源热泵系统工程技术规范》（GB 50366—2005）中给出的水压试验步骤如下：

1. 试验压力：当工作压力小于等于 1.0MPa 时，应为工作压力的 1.5 倍，且不应小于 0.6MPa；当工作压力大于 1.0MPa 时，应为工作压力加 0.5MPa。

2. 水压试验步骤：

（1）竖直地埋管换热器插入钻孔前，应做第一次水压试验。在试验压力下，稳压至少 15min，稳压后压力降不应大于 3%，且无泄漏现象；将其密封后，在有压状态下插入钻孔，完成灌浆之后保压 1h。水平地埋管换热器放入沟槽前，应做第一次水压试验。在试验压力下，稳压至少 15min，稳压后压力降不应大于 3%，且无泄漏现象。

（2）竖直或水平地埋管换热器与环路集管装配完成后，回填前应进行第二次水压试验。在试验压力下，稳压至少 30min，稳压后压力降不应大于 3%，且无泄漏现象。

（3）环路集管与机房分集水器连接完成后，回填前应进行第三次水压试验。在试验压力下，稳压至少 2h，且无泄漏现象。

（4）地埋管换热系统全部安装完毕，且冲洗、排气及回填完成后，应进行第四次水压试验。在试验压力下，稳压至少 12h，稳压后压力降不应大于 3%。

3. 水压试验宜采用手动泵缓慢升压，升压过程中应随时观察与检查，不得有渗漏；不得以气压试验代替水压试验。

4.2.7　桩基完整性检测

桩基完整性检测是指利用仪器对桩中的裂纹、缩颈、断裂、空洞以及混凝土离析、夹泥、混凝土质量低劣、桩底沉渣等缺陷进行测试。其测试方法通常可分为有损检测和无损检测。鉴于取芯法等有损检测方法具有耗时耗力、不实用等缺点，其应用日趋惨淡。相应地，无损检测的应用日趋广泛[114~116]。在无损检测中，由于桩身缺陷的不可见性，故通常采用声脉冲反射波法[117]。该方法是用一手锤在桩顶激发出一声脉冲，当声脉冲沿桩身向下传播时，如遇到波阻抗（桩身中的缺陷会引起波阻抗的变化）变化的截面将会发生反射，也就是缺陷处产生反射波。本章主要介绍以下两种常用的无损检测方法。

1. 小波检测

小波分析方法既是应用数学的一个新兴分支，又是处理信号的一个强有力的工具。这样，在探讨桩基完整性检测智能化、自动化过程中，可以考虑用小波分析方法来处理桩基完整性检测问题。

利用小波变换，根据信号在不同频带内的能量分布差别，可利用华中科技大学张良军等人提出的相应的"能量-故障"的故障诊断模式识别方法，经采样的信号，通过多分辨分析，实现对桩中不同缺陷类型的区分，从而实现桩基完整性检测[118]。

2. 超声检测

超声检测是指在桩身中预埋声测管，并在两声测管之间发射和接收超声波，通过实测声波在混凝土介质中传播的声时、频率和波幅衰减等声学参数的变化，对桩身完整性进行检测的方法。

在桩内预埋纵向声测管道，将超声脉冲发射和接收探头置于声测管中，管中充满清水作耦合剂，由仪器发出周期性电脉冲通过发射探头发射并穿透混凝土，被接收探头接收并转换成电信号。由仪器中的测量系统测出超声脉冲穿过桩体所需时间、接收波幅值、接收脉冲主频率、接收波形及频谱等参数。最后由数据处理系统按判断软件对接收信号的各种参数进行综合判断和分析，即可对混凝土各种内部缺陷的性质、大小、位置作出判断，并给出混凝土总体均匀性和强度等级的评价指标。

声波透射法的优点是准确可靠，尤其在有缺陷的位置附近可以进行加密测量，从而对缺陷位置有更为准确的判断。但是不易做到随机抽检[119]。

4.2.8　桩基承载力检测

桩的静荷载试验是确定单桩承载力、提供桩基合理设计参数以及所建的桩基质量最直观的可靠方法[120]。根据桩的受力情况，静载荷试验可分为单桩竖向抗压静载试验、单桩抗拔静载试验和单桩水平向静载试验。根据能源桩受力特点以及内部换热管对其影响的特征，本章节将对能源桩单桩竖向抗压试验介绍。

根据《建筑基桩检测技术规范》（JGJ 106—2014）中的有关规定，采用单桩竖向抗压静载试验进行承载力验收检测的桩基需符合以下条件：

1. 设计等级为甲级的桩基。

2. 施工前未按照规范进行单桩静载试验的工程。

3. 施工前进行了单桩静载试验，但施工过程中变更了工艺参数或施工质量出现了异常。

4. 地基条件复杂、桩施工质量可靠性低。

5. 本地区采用的新桩型或新工艺。

6. 施工过程中产生挤土上浮或偏位的群桩。

根据《规范》[121]要求，试验加载设备宜采用液压千金顶，且当采用两台或两台以上千斤顶加载时，应并联同步工作，且应采用规格、型号相同的千斤顶，千斤顶的合力中心应与受检桩的横截面形心重合。加载反力装置可根据现场条件，选择锚桩反力装置[122]、压重平台反力装置[123]、锚杆压重联合反力装置[124]、地锚反力装置[125]等。荷载测量可用放置在千斤顶上的荷重传感器直接测定。下面对压重平台反力法（堆载法）进行详细介绍。

堆载法，即用钢梁作托架，钢梁上码放一定重量的配重块。由油泵通过液压千斤顶将荷载施加到桩顶上。基准梁采用槽钢，长度为8m，固定位置为6m。

荷载值由油压传感器测量。桩顶沉降由对称安装的 4 个位移传感器测量，沉降测定平面距桩顶距离 200mm。位移传感器测量误差不大于 0.1%FS，分辩率等于 0.01mm。采用逐级等量加载；每级加载为设计估算极限荷载的 1/10，第一级可按 2 倍分级荷载加荷。每级加载后按第 5、15、30、45、60min 测读一次桩顶沉降量，以后每隔 30min 测读一次。当桩顶沉降速率达到相对稳定标准时进行下一级加载。每一小时内的桩顶沉降量不超过 0.1mm，并连续出现两次视为相对稳定（从分级荷载施加后第 30min 开始，按 1.5h 连续三次每 30min 沉降观测值计算）。当出现下列情况之一时，可终止加载：

（1）某级荷载作用下桩顶沉降量大于前一级荷载作用下沉降量的 5 倍时（当桩顶沉降能相对稳定且总沉降量小于 40mm 时，宜加载至桩顶总沉降量超过 40mm）。

（2）某级荷载作用下，桩顶沉降量大于前一级荷载作用下沉降量的 2 倍，且 24h 尚未达到相对稳定标准时。

（3）已达到设计要求的最大加载量。

（4）当工程桩作锚桩时，锚桩上拔量已达到允许值。

（5）当荷载-沉降曲线呈缓变型时，加载至桩顶总沉降量 60～80mm（在特殊情况下，可根据具体要求加载至桩顶累积沉降量超过 80mm）。

每级卸载量为加载时分级荷载的 2 倍，逐级等量卸载。每级卸载后维荷 1h，按第 15、30、60min 测读桩顶沉降量后，即可卸下一级荷载。卸载至零后，应测读桩顶残余沉降量，维荷 3h，测读时间为第 15、30min，以后每隔 30min 测读一次。

单桩竖向抗压极限承载力 Q_U 可按下列方法综合分析确定：（1）根据沉降随荷载变化的特征确定：对于陡降型 Q-s 曲线，取其发生明显陡降的起始点对应的荷载值；（2）根据沉降随时间变化的特征确定：其 s-$\lg t$ 曲线尾部出现明显向下弯曲的前一级荷载值；（3）当在某级荷载作用下，桩顶沉降量大于前一级荷载作用下沉降量的 2 倍，且经 24h 尚未达到相对稳定标准的，取前一级荷载值；（4）对于缓变型 Q-s 曲线可根据沉降量确定，宜取 s＝40mm 对应的荷载值；当桩长大于 40m 时，宜考虑桩身弹性压缩量；对于直径大于或等于 800mm 的桩，可取 s＝0.05D（D 为桩端直径）对应的荷载值。

4.3　能源 CFG 桩施工技术

CFG 桩（Cement Fly-ash Gravel pile）[126～128] 是指水泥、粉煤灰和碎石浇筑的桩土复合地基，桩径一般为 350～600mm，桩身混凝土强度等级在 C5～C25 之间。常用于软弱地基处理。至 20 世纪 90 年代初，CFG 桩复合地基逐步在中国北方地区的高层建筑地基处理中推广应用，北京市成为我国应用地源热泵工程起步最早，发展最快的城市之一。仅就目前北京地区的不完全统计，已有近万栋高层建筑地基处理采用了 CFG 桩复合地基加固技术[129]。由于该技术通过褥垫层作用，CFG 桩和桩间土共同工作，可较大幅度地提高天然地基的承载能力，降低建筑物的基础沉降，并且具有施工速度快、适用地层范围广泛、工程造价低的特点，目前已成为北京地区应用的较为普遍的地基处理技术之一。然而，CFG 能源桩即地下换热器和 CFG 桩相结合的产物，其示意图如图 4-1 所示（以 W 形管为例）。

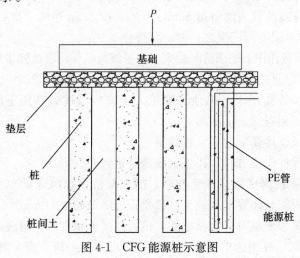

图 4-1　CFG 能源桩示意图

　　CFG 能源桩施工过程与普通 CFG 桩施工过程的区别主要在于 CFG 能源桩需放置可以绑扎换热管的钢筋支架，具体步骤包括桩基就位、钻孔至设计深度、泵送 CFG 桩混合料、提升钻杆、下插钢筋支架换热管、随插随绑扎换热管、纵孔。需要注意的是，CFG 桩中混合料中碎石粒径 5～10mm 为宜，以防下管时对换热管壁的摩擦损坏。

　　桩基承载力检测常采用单桩复合地基静载试验，根据《建筑地基处理技术规范》（JGJ 79—2012）[130]，采用单桩复合地基试验，确定单桩竖向抗压承载力，作为设计依据。

　　复合地基静载荷实验用于测定承压板下应力主要影响范围内复合土层的承载力。复合地基静载荷试验承压板应具有足够刚度。单桩复合地基静载荷试验的承压板可用圆形或方形，面积为一根桩承担的处理面积；多桩复合地基静载荷试验的承压板可用方形或矩形，其尺寸按实际桩数所承担的处理面积确定。单桩复合地基静载荷试验桩的中心（或形心）应与承压板中心保持一致，并与荷载作用点相重合。试验应在桩顶设计标高进行。承压板底面以下宜铺设粗砂或中砂垫层，垫层厚度可取 100～150mm。如采用设计的垫层厚度进行试验，试验承压板的宽度对独立基础和条形基础应采用基础的设计宽度，对大型基础试验有困难时应考虑承压板尺寸和垫层厚度对试验结果的影响。垫层施工的夯填度应满足设计要求。

试验前应采取防水和排水措施，防止试验场地地基土含水量变化或地基土扰动，影响试验结果。加载等级可分为 8～12 级，测试前为校核试验系统整体工作性能，预压荷载不得大于总加载量的 5％。最大加载压力不应小于设计要求承载力特征值的 2 倍。每加一级荷载前后均应各读记承压板沉降量一次，以后每 0.5h 读记一次。当 1h 内沉降量小于 0.1mm 时，即可加下一级荷载。

当出现下列现象之一时可终止试验：

1. 沉降急剧增大，土被挤出或承压板周围出现明显隆起。

2. 承压板的累计沉降量已大于其宽度或直径的 6％。

3. 当达不到极限荷载而最大加载压力已大于设计要求压力值的 2 倍。

卸载级数可为加载级数的一半，等量进行，每卸一级，每隔 0.5h，读记回弹量，待卸载完全部荷载后间隔 3h 读记总回弹量。

试验点的数量不应少于 3 点，当满足其极差不超过平均值的 30％时，可取其平均值为复合地基承载力特征值。当极差超过平均值的 30％时，应分析极差过大的原因，需要时应增加试验数量，并结合工程具体情况确定符合地基承载力特征值。工程验收时应视建筑物结构、基础形式综合评价，对于桩数少于 5 根的独立基础或桩数少于 3 排的条形基础，复合地基承载力特征值应取最低值。

4.4　钢筋混凝土预制能源桩施工技术

近年来，预制钢筋混凝土能源桩开始逐渐兴起，混凝土预制桩能承受较大的荷载、坚固耐久、施工速度快，是广泛应用的桩型之一。对于预制混凝土能源桩，如预制混凝土方桩、预应力管桩、钢管桩等均可作为热交换桩，在预制桩的钢筋笼中绑扎 U 形管状换热器或其他形状的管状换热器，随沉桩一起埋设在地基土中。1999 年在日本发明钢能源桩[131]，钢能源桩的典型设计为桩尖上设置刀片，这样可以利用旋转把桩机埋于地下（图 4-2）。这种施工方法，被称为

图 4-2　钢能源桩

"旋转压桩法"。其施工方法与预制混凝土能源桩类似，但具有一定的优势。这是因为当钢桩被作为间接的地面热交换器时，相对于较高的热传导率其电阻是非常低的，其传热性能也随自然地下水流动而增强。

常用的有混凝土实心方桩和预应力混凝土空心管桩，所以预制能源桩（即换热桩）通常有两种形式：一是将换热管预先埋置在预埋桩里（如实心的方桩等）；二是将换热管布置在预制桩的桩侧或桩内部（如钢桩、空心预制混凝土管桩、根植桩等）（图4-3）。对于实心桩来说，换热桩在预制时换热管已预先埋置在混凝土内，其施工过程不会受到预埋换热管的影响，但对桩长有一定的限制。对于空心桩来说，有两种方式：一种是将换热管绑扎在桩体周围，随着桩基的下沉在预制桩周围随绑换热管，当桩深度较深时可采用连接套管和热熔技术延长换热管；二是待桩基成桩完成后，利用二分管或四分管接头垂直下入换热管，将换热管放置在桩中部，如采用多根换热换时需保证换热管之间的管脚和间距，然后在空心桩内部回灌泥浆，此种方法的优势是可以较好地利用桩身混凝土较好的导热性能。

(a)

(b)

图4-3 （a）根植桩施工，根植能源桩施工[126]；（b）预制混凝土换热桩

4.5　小结

换热桩基埋管施工技术的发展水平表征其理论指导实践的水平，不同种类的能源桩的施工过程各有特色。能源桩的主要类型包括现浇混凝土能源桩和预制混凝土能源桩。

本节分别对现浇混凝土能源桩、能源 CFG 复合桩以及钢筋混凝土预制能源桩的施工技术进行介绍。对现浇混凝土能源桩从钻孔工艺、绑扎换热管、吊放钢筋笼、浇筑桩身混凝土、灌注桩截桩、管道打压检测、桩基完整性检测、承载力检测等方面进行了详细介绍；简要介绍 CFG 能源桩的施工技术及单桩复合地基的承载力检测步骤；以预制混凝土方桩、预应力管桩、钢管桩、根植桩等为例，对预制能源桩施工技术进行简述。多种形式的能源桩，其施工原则大同小异，本节综合规范规定内容，结合现场工程经验，凝练出其施工原则，以期能对能源桩的规范施工提供支持。

5　能源桩传热性能及影响因素

　　能源桩是地源热泵应用的一种新的形式，将地源热泵的地下换热器融合到建筑结构的地基基础中，与周围大地形成热交换元件，通过桩身换热管内流动的液体介质与热泵机组进行能量交换，热泵机组将第一回路获取的低品位热源经提升后以中高品位热源给建筑物供暖，最终实现通过能源桩从岩土体中提取热量的过程（图 5-1）。夏季供冷工况下，刚好是一个相反的过程，最终实现了把室内环境中的热通过能源桩释放到地下岩土体的过程。

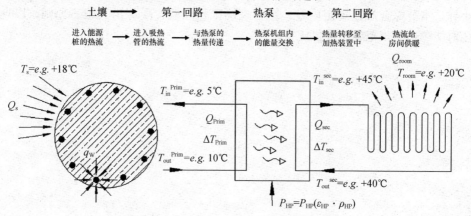

图 5-1　供热工况下能源桩装置的热流传递与平衡示意图[134]

　　能源桩利用结构构件进行换热，既利用了混凝土结构较高的热储存能力和热传导性能，从而获得了比传统钻孔埋管更高的换热效率；同时又可以节省大量的钻孔费用和地下空间资源。因而其技术经济优势十分明显，符合节能减排的要求。

　　能源桩的众多优点使得其逐渐受到工程界的青睐。国内外对能源桩的研究与工程应用，主要针对大直径的钻孔灌注桩和人工挖孔桩等。本章节将以中国北方地区常用的 CFG 能源桩为工程背景，分析能源桩的换热性能和热物性测试方法，研究包括加热方式、循环水流速、进口水温、运行模式，以及群桩换热对其换热效果的影响。

5.1　桩埋管换热系统传热性能原位测试

　　自 20 世纪 90 年代初，CFG 桩复合地基逐步在中国北方地区的高层建筑地基处理中推广应用，仅就目前北京地区的不完全统计，已有近万栋高层建筑地基处理采用了 CFG 桩复合地基加固技术[132]。由于该技术通过褥垫层作用，CFG 桩和桩间土共同工作，可较大幅度地提高天然地基的承载能力，降低建筑物的基础沉降，并且具有施工速度快、适用地层范围广泛、工程造价低的特点，目前已成为北京地区应用的较为普遍的地基处理技术之一。能否利用 CFG 桩复合地基进行埋管换热，对于包括北京在内的中国北方地区推广使用环境友好的地源热泵系统具有重要意义。本章节旨在通过原位足尺试验，考虑 CFG 桩复合地基的结构特点，将 CFG 桩作为地源热泵的地下换热结构，测试该类桩基埋管的换热性能，并研究了包括加热方式、循环水流速、进口水温、运行模式，以及群桩换热对其换热效果的影响。

现场能源 CFG 测试桩，桩径为 420mm，桩长 18m，按正方形布置，桩间距为 2m×2m，总桩数 24 根，其中 1～6 号桩为测试桩，其他为锚桩（图 5-2）。桩身混凝土强度等级 C20。根据场地勘察报告和室内岩土实验结果，场地岩土层分布自上而下：0.5～1.3m 为素填土，1.3～3.9m 为砂质粉土，3.9～4.4m 粉质黏土，4.4～6.3m 砂质粉土，6.3～14.2m 卵石，14.2～16.3m 粉质黏土，16.3～18.1m 砂质粉土，18.1～20.0m 卵石。地勘岩土层分布如图 5-3 所示。

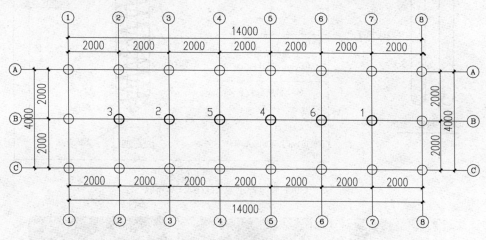

图 5-2 CFG 桩的桩位平面布置图

CFG 桩内埋管形式为双 U 串联（W 形）换热管（图 5-3），管材为高密度聚乙烯（HDPE 100）管，换热管直径 25mm，有效换热长度 72m。传统的 CFG 桩不配筋，能源桩内需设钢筋支架，将换热管绑扎在钢筋支架上，采用先灌混凝土，后插钢筋笼的施工方法（图 5-4），施工周期 14d。在 1～6 号桩中，沿桩身埋设 2 个竖向振弦式应变计（可测温度和应变），在桩底处布设温度传感器 1 个，测量桩身温度和应变的改变，利用全自动采集仪对传感器上传来的数据进行实时采集，并在 1 号和 3 号桩底安放一个混凝土压力盒，以研究桩身竖向受荷的变化情况。

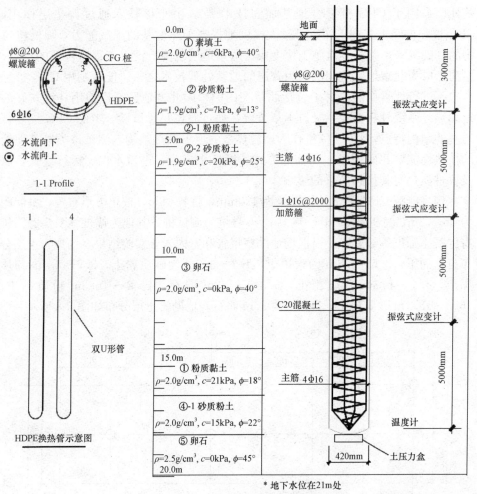

图 5-3　CFG 基埋管示意图双 U（W 形）

(a) 钻孔　　　　　　(b) 绑扎换热管　　　　　　(c) 下钢筋笼支架

(d) 补浆

(e) 褥垫层

(f) 地面换热管

图 5-4　CFG 桩现场施工图

　　原位换热测试的方法主要采用单桩的恒定热流密度（TRT）和恒定进口水温换热试验（TPT），以及群桩换热的 TRT 和 TPT 试验。详细的试验方案见表 5-1，包括：（1）加热功率选取 1.75kW，3.1kW，3.5kW 三种水平，对 5 号桩进行加热 TRT 测试；（2）循环水流速分别取为 0.26m/s，0.51m/s，1.02m/s，对 2 号桩进行加热 TPT 试验；（3）根据冬/夏换热器运行情况，进口水温选取 5℃，35℃和 60℃，对 1 号和 5 号桩分别进行制冷和加热的 TPT 试验测试；（4）运行模式分为间歇运行和连续运行，对 6 号桩进行加热 TPT 试验测试；（5）对群桩 2，5，4 号同时加热进行 TRT 测试和 TPT 测试；对群桩 6，1，7 号同时制冷，进行 TPT 测试。

表 5-1　CFG 桩内埋管换热器传热性能试验方案一览表

桩型	原位测试方法	测试因素	桩号	测试水平	其他条件
单桩	恒热流法	加热功率	5	1.75kW, 3.1 kW, 3.5kW	流速 0.51m/s
	恒温法	循环水流速	2	0.26m/s, 0.51m/s, 1.02m/s	进口水温 35℃
		进口水温	1, 5	5℃, 35℃, 60℃	流速 0.51m/s
		运行模式	6	间歇运行，连续运行	流速 0.51m/s 进口水温 35℃
群桩	恒热流法	群桩换热	2, 5, 4	单桩测试，群桩测试	流速 0.51m/s, 单桩加热功率 1.75kW
	恒温法	群桩换热	2, 5, 4 6, 1, 7	单桩测试，群桩测试	流速 0.51m/s 进口水温 35℃

5.2　桩身水泥水化热的影响

　　试验中 CFG 桩身材料为水泥、水、砂、石子和粉煤灰，其质量比为

1：0.64：3.73：2.85：0.18。桩基施工完成后水泥会出现缓慢放热现象，导致桩身温度升高。为了研究水泥水化热造成的桩身和周围岩土温度的改变，试验中通过埋设在桩身和地层中的温度传感器对温度的变化进行了实时监测。图5-5为不同时间的沿桩深度方向温度的测量结果，从中可以看出桩基础施工完成4～5d后水化热散尽，桩身温度恢复至土壤初始温度，在离地面3m以下，温度恢复至恒定温度16℃。而桩顶部的3m范围内，温度受环境温度影响显著。下面的测试研究在CFG桩施工完成60d后，等温度恢复到初始地温后才开始进行。

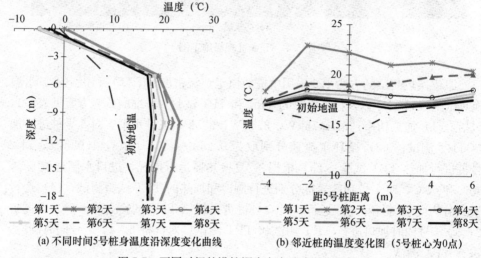

图5-5　不同时间的沿桩深度方向温度的测量结果

5.3　加热功率对换热性能的影响

恒热流法是采用热泵机组对管内循环工质（常温水）提供恒定的加热功率，试验中采用的热响应测试仪主要是通过控制进、回水温度保持恒定的温差来实现的。针对5号桩，分别采用1.75kW（进出口水温差2.5℃），2.17kW（3.1℃）和3.5 kW（5℃）三个加热功率进行加热响应试验，循环介质流速为0.51m/s，连续测试96h，测试间隔大于10d，桩身温度基本恢复至初始地温。根据记录的进出水平均温度随时间变化情况（图5-6），按照线热源模型算岩土热物性质，计算结果见表5-2，其中由于岩土容积比热容$\rho_s c_s$的变化对计算结果影响较小，故取3.0×10^6 J/(m³·℃)。

从表5-2可以看出，不同的加热功率对计算得到的岩土综合导热系数有一定的影响。而且大功率条件下，岩土综合导热系数有所减小，可能是由于加热功率的增大，地下换热器内的循环工质的平均温度与岩土体温度梯度增大，产生岩土体内水分迁移，致使含水量降低，导致岩土体综合导热系数减小。

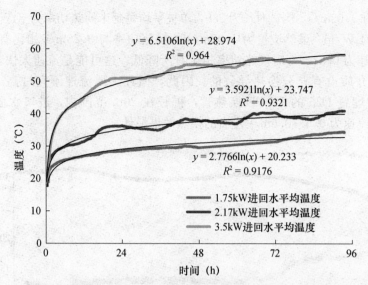

图 5-6 不同加热功率工况下进出水平均温度随时间变化曲线

表 5-2 不同加热功率下岩土综合导热系数和钻孔内热阻

加热功率 （kW）	进出水温差 （℃）	岩土综合导热系数 [W/(m·℃)]	钻孔内热阻 (m·℃/W)
1.75	2.5	2.78	0.33
2.17	3.1	2.67	0.36
3.50	5.0	2.38	0.41

5.4 循环水流速对换热性能的影响

在地源热泵机组运行过程中，流速的不同也会导致地下换热器换热性能发生变化[133]。为了使循环工质与周围土体进行充分的热交换，应对流速有更为合理化的控制。如果流速过小，虽然流体与周围土体换热充分，但是换热时间长等因素导致系统的总换热功率很难满足使用需求；如果流速过大，就会造成管中流体与周围土体换热不充分，取热或散热量减少；所以，较为合理地选取循环工质的流速显得尤为重要。

为了研究循环水流速对换热桩换热功率的影响，对 2 号桩进行了进口水温恒定在 35℃的条件下，流速分别设定为 0.26m/s，0.51m/s 和 1.02 m/s 的换热试验研究。图 5-7 为该测试桩回水温度随时间的变化的曲线。

按照恒定进口水温测试原理（见章节 3.1），分别计算得到单桩总换热功率和沿桩深度方向平均每延米的换热功率。测试结果表明，当流速分别为 0.26m/s，

0.51m/s 和 1.02m/s，测试时长为 28h，单桩平均每延米换热功率为 84W/m，116 W/m 和 94 W/m。虽然流量为 1.02m/s 的换热功率与 0.26m/s 相比有所增加，但是与流速为 0.51m/s 时换热功率相比有所降低，这可能是流速太快，管内流体与周围介质没有充分换热导致的。因此，循环工质流速不宜过高。对于在 CFG 桩内埋置 D25 的 HDPE 换热管，桩长在 20m 范围内，进口水温控制在 35℃时，流速为 0.5～0.6m/s 左右的换热效果最佳。

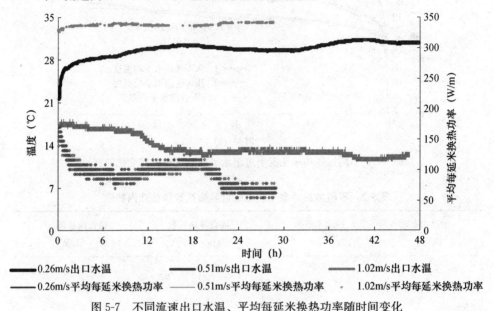

图 5-7　不同流速出口水温、平均每延米换热功率随时间变化

5.5　进口水温对换热性能的影响

传统的换热性能测试常采用热泵来模拟夏季运行模式（加热试验），获得测试地埋管换热器的换热功率，而不常进行冬季运行模式测试（制冷试验）。这主要是因为加热模式下测试仪器操作便捷，温度容易控制。然而，文献[135,136]试验表明，冬季运行模式下地埋管换热器换热功率小于夏季运行模式下的换热功率。所以，如果都按夏季运行工况测得的换热功率来进行全年换热功率设计，势必会导致埋管长度不足，不能满足冬季建筑物的供暖使用的需求。基于此，本试验对常规的热响应测试仪器进行改进，通过外部配置风冷机组的方法，针对 1 号桩在冬季运行模式（进口水温恒定为 5℃），和 5 号桩在夏季运行模式（进口水温分别恒定为 35℃和 60℃）的换热性能进行 TPT 试验研究。循环工质流速均为 0.51m/s。图 5-8 为 CFG 桩在不同进水温度工况下，出水温度和平均每延米换热功率随时间的变化曲线：随着测试时间的延长，换热功率趋于稳定，热交

换逐渐平衡。

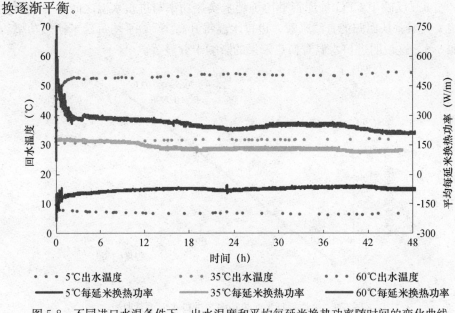

图 5-8 不同进口水温条件下，出水温度和平均每延米换热功率随时间的变化曲线

模拟地源热泵冬季运行工况时，地埋管进口水温设定为 5℃，土壤初始温度 16℃，循环工质与地温的温差为 −11℃，测试时长 48h。根据式（5-7）和式（5-8)计算得到其平均每延米取热功率 −58W/m。模拟夏季运行工况时，进口水温设定为 35℃，循环工质与地温的温差为 19℃，测试时长 48h。从图 5-8 数据计算得到单桩平均每延米散热功率 116W/m；同时，为模拟大温差条件下能源桩夏季运行工况，进口水温设定为 60℃，温差为 44℃，测得平均每延米散热功率 258W/m。

表 5-3 统计了进口水温分别为 5℃，35℃和 60℃时 CFG 桩的换热功率（负号代表桩从周围岩土体中取热，正号代表散热）。从表 5-3 分析可知在设计地下换热器的埋管长度时，宜选用冬季运行状态的换热功率为参考值，可以同时满足建筑物的夏冬两季使用需求。

表 5-3 不同进口水温 CFG 桩的换热功率

模拟工况	进口水温 （℃）	初始地温 （℃）	温差 （℃）	换热功率 （W）	每延米换热功率 （W/m）
冬季	5	16	−11	−1050	−58
夏季	35	16	19	2100	116
夏季	60	16	44	4651	258

备注：温差是循环工质温度与初始地温的温差

图 5-9 反映了 CFG 桩埋管平均每延米换热功率与进口水温之间几乎成线性正相关关系。从回归的直线来看，进口水温每升高 1℃，平均每延米换热功率约增加 5%。这说明进口水温对换热效果的影响十分显著。

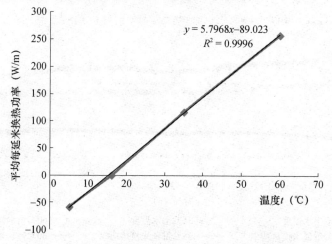

图 5-9　平均每延米换热功率与进口水温关系曲线

虽然，高进口水温能提高桩的换热功率，但是热泵的加热功率也随之增加，导致运营成本提高。此外，《地源热泵系统工程技术规范》[27] 中有规定，在夏季运行期间，地埋管换热器出口最高温度不宜高于 33℃，否则无法充分体现地源热泵的节能性。但是，在太阳能与浅层地温能联合使用时，是将太阳能储存在地层中等到冬季提取出来使用，60℃进口水温工况下的换热功率仍值得研究。

5.6　运行模式对换热性能的影响

间歇运行模式的换热测试是考虑在夏季（或冬季）工况条件下热泵机组有可能间歇运行的特点（比如白天工作，晚间停歇，或白天停歇，而晚间工作的模式）而进行的特殊换热试验。有研究表明，这种间歇运行模式，由于在机组停歇阶段地温的可恢复性，会造成换热效率的提高[136]。本文以夏季工况为例，进行了间歇 TPT 试验，对 6 号桩换热功率进行了研究。间歇运行加热模式为每加热 24h 后停歇 24h，运行总时长为 120h。为对比起见，对同一根桩也进行了 120h 连续加热 TPT 试验。试验采用的恒定进口水温为 35℃，流量为 0.51m/s。

每延米换热功率随时间变化的测试结果如图 5-10 所示。连续运行加热模式下，该桩单位小时每延米换热功率在运行 30h 之内衰减速度较快，随后换热功率逐渐稳定。在间歇模式运行下，运行的初始 24h，换热功率随时间的变化规律与连续运行模式基本相同；但当停止 24h 以后再次开始运行 24h 后，单位延米换热功率随时间的变化趋势与间歇运行的初始 24h 一致。若以每 48h 作为一个换热周期，对 2.5 个换热周期内每延米平均换热功率进行比较，如图 5-11 显示随着时间的延长，两种模式的平均换热功率均有降低的趋势，而间歇运行情况下的换热功率的降低速度缓慢。

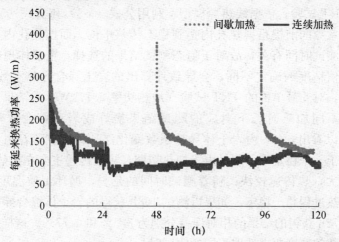

图 5-10 连续运行和间歇运行模式下桩埋管每延米换热功率随时间的变化

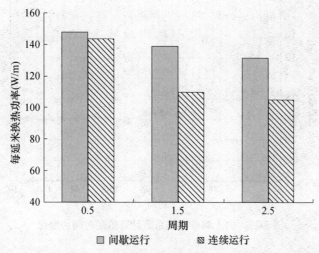

图 5-11 连续运行和间歇运行两种模式下平均每延米换热功率比较

间歇模式下，当地下换热器停止运行后，埋管周围介质与远处土壤间热传导没有停止。实测结果表明，在加热停止 24h 后，桩身的平均温度从 26℃逐渐恢复至 18.5℃，这是当系统再次运行时，其换热效果相比连续运行模式有所提高的原因。根据对测试结果的计算分析，连续运行 120h 时每延米换热功率为 116W/m，间歇运行 120h 时每延米换热功率为 139W/m，间歇运行模式比连续运行模式的平均每延米换热功率提高约 20％。连续加热总换热功率 27507kW，间歇加热总换热功率为 23670 kW，总换热功率减少 14％。

5.7　测试时长对换热性能的影响

针对 TRT 试验，依据线热源模型，利用公式（5-5）和公式（5-6）计算岩土综合导热系数的前提是换热孔内达到稳态传热平衡。而换热孔内是否达到稳态传热又与测试时间有关，故对于稳态测试结果的选择，主要体现在加热时间选择与温度值精度的确定不同，会导致计算出的岩土综合导热系数也不相同。试验工况下，对 5 号单桩的 TRT 试验（加热功率 2.17kW）的结果进行分析计算，将依据不同加热时长下对应的测试结果换算成岩土综合导热系数。从图 5-12 中可以看出，48h 内岩土体导热系数变化浮动较大，随着测量时间的增加，该值趋于一个稳定值。这是由于加热初期，热量传递主要在换热孔内进行，温度梯度较大，热传递较快；随着测试时间的延长，循环工质温度上升变慢，岩土体的传热过程趋于稳定。如果以测试 168h 获得的岩土体综合导热系数为基准，48h 和 72h 获得的结果的相对误差分别为 3.5％和 0.77％。这样就可根据岩土体导热系数的精度要求选取不同的测试时长。

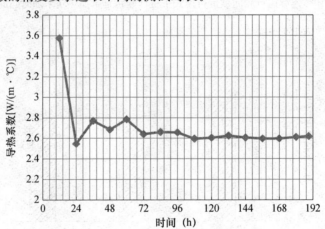

图 5-12　岩土综合导热系数计算值随时间的变化

此外，对 5 号桩也进行了 TPT 试验，进口水温控制在 35℃，循环工质流速为 0.51m/s，连续换热试验 120h。类似地计算出每延米换热功率与时间的变化关系，表示在图 5-13 中。结果表明在测试开始 28h 内，每延米换热功率值波动较大，主要原因是桩和土体间的传热尚未达到平衡。测试 40h 后每延米换热功率基本稳定，所以，实测中采用恒温法获取能源桩每延米换热功率时，测试时长不宜少于 40h。

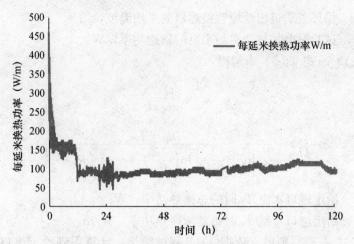

图 5-13　测试时长 120h CFG 桩每延米换热功率随时间的变化

5.8　能源桩单孔换热量的设计分析

　　本节将讨论如何利用 TRT 的实测数据，进行给定运行工况（往往不同于试验测试工况）的能源 CFG 桩传热设计分析，这是在地源热泵系统的工程设计中经常碰到的。比如，如何依据 TRT 试验（给定进出口水温差），进行给定进口水温的地下换热器设计就是一个例子。在传统垂直钻孔地下换热器的设计中，有研究人员建议如下处理[137]。针对这种设计条件，重新改写线热源公式 $T_f = k \cdot \ln t + m$：

$$T_{f_0} = k_0 \cdot \ln t + m_0 \tag{5-1}$$

其中

$$k_0 = \frac{Q_0}{4\pi\lambda_s H} \tag{5-2}$$

$$m_0 = T_{ff} + \frac{Q_0}{H}R_b + \frac{Q_0}{H}\frac{1}{4\pi\lambda_s}\left[\ln\left(\frac{16\lambda_s}{d_b^2\rho_s c_s}\right) - \gamma\right] \tag{5-3}$$

$$T_{f_0} = \frac{T_{in} + T_{out}}{2} \tag{5-4}$$

由能量守恒方程可知：

$$Q_0 = c_p m(T_{in} - T_{out}) \tag{5-5}$$

式中　c_p——循环工质的比热，J/(m³·℃)；

　　　m——单位时间水的质量流量，kg/s；

T_{f_0}——循环工质进出地埋管换热器的平均温度,℃;

Q_0——试验时电加热功率与水泵的输送功率,W。

由公式(5-1)~式(5-5)求解得:

$$\lambda_s = \frac{Q_0}{4\pi k_0 H} \tag{5-6}$$

$$q = \frac{Q}{H} = \frac{T_{in} - T_{ff}}{\frac{1}{4\pi\lambda_s}\ln t + \frac{1}{4\pi\lambda_s}\left[\ln\left(\frac{16\lambda_s}{d_b^2\rho_s c_s}\right) - \gamma\right] + R_b + \frac{H}{2c_p m}} \tag{5-7}$$

式中 Q——给定进口水温 T_{in} 时的总换热功率,W;

q——给定进口水温 T_{in} 时每延米换热功率,W/m。

利用公式(5-7)则可以依据 TRT 测试结果,计算得到给定进口水温设计工况下的单位深度换热功率。其简化后的计算公式为:

$$\frac{q_0}{q_1} = \frac{T_{in0} - T_{ff}}{T_{in1} - T_{ff}} \tag{5-8}$$

式中 q_0——TRT 实测得到的每延米换热功率,W/m;

T_{in0}——TRT 实测到的某一时刻的进口水温,℃;

T_{in1}——所求工况在相同时刻的进口水温,℃;

q_1——进口水温为 T_{in1} 时每延米换热功率,W/m。

为了校核上述方法能否用在 CFG 桩的设计计算中,利用 5.3 小节中恒定加热功率 1.75kW 工况下的试验数据,测试时间为 93h 时,进口水温 35.9℃,平均每延米换热功率为 97W/m,代入公式(5-8),分别计算出在相同时间,加热功率为 2.17kW,进口水温 45.5℃ 时,以及加热功率为 3.5 kW,进口水温为 61.3℃ 时,平均每延米换热功率分别为 129W/m 和 204 W/m,从表 5-4 可以看出采用该方法计算结果偏大 5%～7%;表 5-5 为 5.5 小节中采用恒温法实测的不同进口水温条件下每延米换热功率,与依照公式(5-7)计算得到相同进水温度的换热功率进行对比,分析结果表明采用该方法设计时换热功率计算结果偏小 7%～20%。

表 5-4 不同加热功率下实测每延米换热功率与理论计算换热功率对比

加热功率 (W)	时间 (h)	进口水温 (℃)	实测每延米换热功率 (W/m)	计算每延米换热功率 (W/m)
1750	93	35.9	97	—
2170	93	42.5	120	129
3500	93	60.8	194	204

表 5-5　不同进口水温实测换热功率与理论计算换热功率对比

恒定进口水温 （℃）	测试时长 （h）	综合导热系数 [W/(m·℃)]	热阻 （m·℃/W）	实测换热功率 （W/m）	计算每延米换热功率 （W）
5	128	2.63	0.34	−58	−48
35	46	2.63	0.34	116	96
60	48	2.63	0.34	258	221

5.9　群桩换热结构性能分析

实际工程 CFG 桩基结构布置比较密集，一般为桩径的 3～5 倍，能否充分利用这些 CFG 桩进行埋管布设，是涉及工程设计技术经济问题的一个关键问题。常规的热响应测试一般仅针对单桩进行，群桩换热的试验研究工作甚少。本试验中对群桩埋管的 CFG 桩基开展换热性能现场测试，以期获得一定间距排布的 CFG 群桩的平均综合导热系数、平均热阻和单位延米换热功率。

试验中针对图 5-2 中（2，5，4 号三桩并联，如图 5-14 所示）进行。实验是在 5 号单桩试验完成 22d 后，监测桩身温度恢复至与初始地温（16℃）一致后开始试验的。采用恒热流法，每个单桩加热功率设定为 1750W，流速 0.51m/s，连续加热 144h。

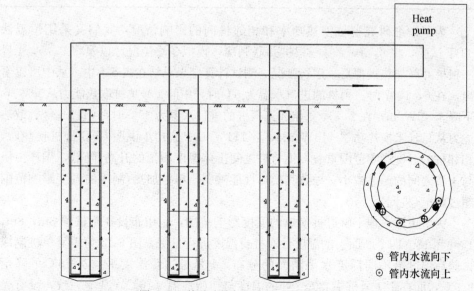

图 5-14　热响应测试三根桩并联示意图

⊕ 管内水流向下
⊙ 管内水流向上

依据进口、出口平均温度随时间的变化测量值，利用式（5-4）～式（5-7）计算岩土的热物性参数，以及计算循环工质的平均温度，测试比较数据见

表 5-6，从中可知三桩并联加热后，中心的单桩的导热系数降低，热阻增大，循环工质的平均温度 34.9℃，高于单桩在相同加热功率下的循环工质的平均温度 34.35℃。而三桩并联加热 96h，中心 5 号桩的桩身温度从 16℃上升至 26.6℃，高于仅单桩加热的桩身温度从 16℃增加到 25.1℃。这些测试结果说明三桩同时加热时，对相邻桩有所影响。

表 5-6　基于 TRT 测试单桩和群桩换热性能比较

工况	桩号	加热功率 (W)	初始地温 (℃)	导热系数 [W/(m·℃)]	热阻 (m·℃/W)	进出水平均温度 (℃)
TRT	5	1750	16	2.78	0.33	34.35
	2，5，4	1750	16	2.13	0.39	34.90

表 5-7　基于 TPT 测试单桩和群桩换热性能比较

模拟工况	桩号	进口水温 (℃)	初始地温 (℃)	温差 (℃)	换热功率 (W)	每延米换热功率 (W/m)	群桩效应 折减系数
冬季	1	5	16	−11	−939	−58	
	1，6，7 并联桩	5	16	−11	−838	−46	0.80
夏季	5	35	16	19	2160	116	
	2，5，4 并联桩	35	16	19	2070	111	0.95

为了详细研究群桩换热功率和相邻桩间的影响情况，我们又采用恒温法 TPT 试验，将 6，1，7 号三根桩并联制冷，模拟冬季工况。以及将 2，5，4 号三根桩并联加热模拟夏季运行工况。测试计算结果总结在表 5-7 中。从中可以看出，在 6，1，7 号三根桩的进口水温为 5℃时，中间 1 号单桩取热能力从 58W/m 下降至 46W/m；在 2，5，4 相邻三根桩的进口水温为 35℃时，中心 5 号桩散热能力从每延米换热功率 116W/m 降至 111W/m。这初步说明 CFG 群桩换热时，相邻桩的温度影响范围重叠，桩与桩之间土体温度积聚的升高/降低，循环工质与土壤之间的温差减小，导致其换热性能减弱，单桩加热/制冷的温度影响范围超过 1m（桩间距 2m）。

为了更深入地了解群桩换热的温度影响范围，利用布设在距桩顶 3m，8m，13m 和 18m 四个断面上的温度计对桩身温度进行量测。图 5-15 为 1 号单桩制冷试验后温度沿不同深度水平断面的分布，1 号桩边缘温度平均从 16℃下降至 9.5℃，而在距 1 号桩中心 2m 处的温度与初始地温（16℃）基本一致，没有受到制冷工况的影响，所以单桩制冷 168h 后其温度影响范围不足 2m。

图 5-16 为 6，1，7 号三桩并联进行制冷试验量测到温度沿不同深度断面水平方向分布，测试工况与单桩制冷工况相同。从图中发现 1 号桩（离桩中心距

一0.2m处）温度下降至 8.8℃左右，6 号桩（1.8～2.2m处）温度也降至 9.5℃左右。与单桩制冷试验相比，1 号桩身温度从 9.5℃下降到 8.8℃，下降约 0.8℃，再次验证邻桩制冷对换热性能产生相互的影响；而在距 1 号桩中心 4m 外所量测到的温度与初始地温基本相同。综上所述，试验工况下群桩换热的影响范围超过 1m，不足 2m。所以，CFG 群桩换热器至少要隔桩布设，能源桩间距宜大于 4m。

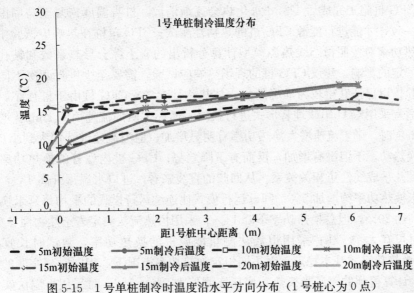

图 5-15　1 号单桩制冷时温度沿水平方向分布（1 号桩心为 0 点）

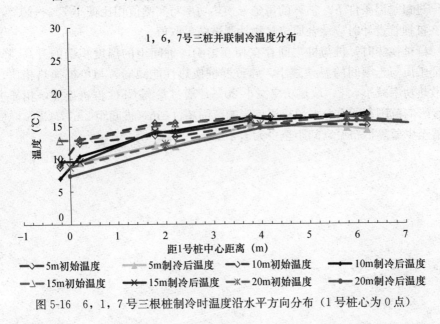

图 5-16　6，1，7 号三根桩制冷时温度沿水平方向分布（1 号桩心为 0 点）

5. 10　小结

　　CFG 桩以其施工简单、工程造价合理以及良好的承载性能，早已成为北京，乃至中国华北地区小高层建筑的地基基础的主要形式之一。通过现场足尺试验的方法，对 CFG 单桩与群桩内埋管换热器的传热性能进行系统的研究。

　　CFG 桩施工完成后 4～5d 水化热会逐渐消散，桩身温度恢复至与周围土壤温度一致，才能进行能源 CFG 桩的热物性测试；CFG 单桩在热响应试验中，不同加热功率对按照稳态线热源模型计算分析出的岩土综合导热系数和钻孔内热阻有一定的影响，建议 CFG 桩的现场热响应试验，需要至少进行两次不同负荷的试验，以保证获得较为准确的岩土体热物性参数；CFG 桩由于桩径小，埋深浅，适宜采用双 U 串联埋管形式进行换热。循环工质的流速由 0.26m/s 增加到 0.51m/s 时，随着流速增大换热功率有明显增加；但当流速继续增大到 1.02m/s 时，换热功率不但没有增加，反而有下降趋势；CFG 桩内埋管的换热功率与进水温度几乎成线性正相关关系。从回归的直线来看，进口水温每升高 1℃，平均每延米换热功率约增加 5%；间歇运行模式比连续运行模式的平均每延米换热功率提高约 20%，但总换热功率下降 14%；采用恒热流法测定岩土热物性参数时，测试时长宜大于 72h；采用恒温法测量能源桩的换热功率，测试时长宜大于 40h，换热功率才基本稳定；对不同恒定加热功率工况下，相同时刻实测的进口水温，计算得到的每延米换热功率比实测偏大 5%～7%；对采用恒温法实测的不同进口水温条件下，估算的每延米换热功率与实测值相比偏小 7%～20%，所以在桩埋管设计时应结合原位热物性测试结果取值。

　　群桩换热时，桩与桩之间存在相互影响，桩间土的温度积聚的升高/降低，循环工质与土壤间的温差减小，导致群桩换热性能减弱，与单桩换热相比，群桩散热功率减小 5%，取热功率减小 20%；通过量测 CFG 群桩换热，相邻桩的温度影响范围有所重叠，单桩温度影响范围超过 1m（桩间距 2m），CFG 群桩换热器至少要隔桩布设，间距至少大于 4m。

6 能源桩结构响应特征

鉴于 CFG 桩是目前中国北方地区广泛使用的高层或小高层建筑地基处理技术，为了推动能源桩技术在中国北方地区绿色建筑设计与施工中应用，北京科技大学、清华大学联合中国建筑科学研究院地基基础研究所针对能源 CFG 桩的换热性能与结构响应开展了系统研究。本章节则着重于结构响应的实测与研究。在结构方面，探讨了在热交换过程中桩身结构应力-应变规律，由温度变化引起的附加应力的分布规律，更进一步对在加热和制冷过程中的桩基承载性能进行了试验研究。

一般而言，在桩体中布设换热管路，并进行换热，会对桩体受力性能造成两方面的影响。首先直观而言，换热管插入桩体中，可能会对桩身断面有削弱作用。按一般换热回路管径 25mm，并按直径为 600mm 桩身断面有 8 根这样的换热管穿过考虑（这在工程实践中叫双 W 形桩基埋管能源桩），断面损失约为 1.4%，可见这种影响作用是非常小的，可以忽略；也有研究人员通过些桩身静载试验证实了这一点[138]。另一方面，能源桩在换热过程中会导致桩身和周围岩土体温度的变化，而且桩身温度的变化范围（一般为 15℃左右）要远大于周围岩土体的温度变化。这样桩体热胀冷缩的变形就会受到周围岩土体的约束，从而引起桩体的附加温度应力，以及相应的桩顶位移的变化。以往的工程实践与研究表明[43,44,139,140]，大直径钻孔灌注桩或人工挖孔桩在换热过程中的附加温度应力大小较为显著，不可忽视；而且在冬季工况下，即桩体受冷收缩却受到周围岩土体的制约，产生的桩身附加温度应力为拉伸应力，不合理的能源桩设计会导致桩身混凝土的破坏或者桩-土界面成为软弱面，进而影响工程桩安全性及耐久性，必须予以重视。

Laloui 等[42,43]报道了在位于洛桑的瑞士联邦工学院开展的一项原位测试工作。此项测试工作是在一栋新修的四层建筑物中进行的。伴随建筑物的修建进度，通过在其中一根钻孔灌注桩（直径为 96～117cm，桩长为 25.8m，摩擦桩，桩侧土层主要为软黏土、含砂石软黏土和硬黏土，桩尖土层为软弱砂岩）桩上安装的光纤应变传感器、振弦式应变计以及土或混凝土压力盒等量测仪器，研究桩身附加温度应力的大小。其测试研究结果表明：在温度荷载（温差 $\Delta T = 15℃$）作用下，该测试桩身中、下部产生的附加温度压应力达 2MPa 以上，已经超过了仅由上部建筑荷载在桩身上产生的应力（小于 1MPa）。英国岩土工程研究人员也随后在伦敦的 Lambeth 学院开展的一项能源桩换热过程中的结构响应测试工作[134]。该测试钻孔灌注桩桩长 23m，上部 4m 的直径为 61cm，其余的桩身直径为 55cm，桩身位于典型硬塑多裂隙伦敦黏土中。通过对桩身量测应变的分析计算，研究人员发现当桩身在极端冬季工况下（桩身温度下降 19℃）时，桩身中部产生了高达 2.8MPa 的附加温度拉应力；当把这些附加温度拉力叠加到上部荷载产生的压应力上后，仍然使得桩中下部最终受拉，最大拉伸应力大约为 2.1MPa，这是工程实践中不可能容许的。在国内，清华大学研究人员对信阳高铁站前广场的一个人工挖孔灌注桩进行了换热过程的结构响应原位试验研究[68]，佐证了在大温差（例如＋20℃以上）条件下桩身产生了相当大的附加温度应力（在局部甚至达到约 2000kN，3.9MPa）；且在冬季工况下，桩身下部也产生了较大的附加拉应力。

　　基于目前国内外对能源桩在换热过程中结构响应的研究结果，以及 CFG 桩在中国北方工程实践中的普遍性与重要性，本节采用现场足尺试验的方法，系统地研究了能源 CFG 桩在（1）仅受恒定正常温度荷载作用；（2）恒定上部正常使用荷载和恒定正常温度荷载共同作用下的结构响应；（3）恒定上部正常使用荷载和循环温度荷载共同作用下的结构（应力、应变）响应。还研究测试了在非常温条件下 CFG 桩土复合地基的极限承载力性能。

6.1　能源桩结构性能

　　如图 6-1 所示，能源桩作为地源热泵的土壤换热器，具有双重功能，即承受上部荷载和传递能量。

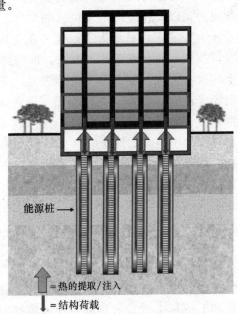

图 6-1　具有双重功能的能源桩工作原理示意图

从一般意义上来讲，桩基是相当复杂的结构单元，只有充分考虑了桩-土之间的相互作用，才能真正理解其工作性能。而对于能源桩来说，还要承受由于桩体中循环工质温度变化（例如 $\Delta T = 0\sim50℃$）而产生的温度荷载。这样，结构荷载与温度荷载相组合，使得桩体的工作性能变得尤为复杂。事实上，此时桩体的应力-应变特征极大地受制于桩周岩土体特性和桩顶、桩底的约束条件。桩周岩土体和上部结构构成了桩体受热或受冷不能自由变形的制约条件。在这种情况下，一方面在温度荷载作用下桩体发生变形（例如伸长或缩短），另外一方面桩体中又产生了附加的约束应力。此外，温度的变化也会引起桩周岩土物理力学性质的改变，进而引起其承载能力的变化。还有一个问题也不容忽视，那就是桩基往往是以群桩的形式出现，前述温度改变引起的单桩工作性能改变是如何影响群桩工作特性的问题值得深入探讨。最后，作用在能源桩上的温度变化具有季节上的周期性，从岩土力学的角度来看，尚存在对桩体工作性能长期影响的问题。因此，很显然在设计过程中应充分考虑以上这些因素的影响，以确保能源桩在结构上的安全性。

尽管当前在世界各地已经有大量的能源桩在使用中，但是有关的设计规程、规范仍然十分有限。许多国家（例如瑞士、德国、法国及英国等）已有的规程依然是一些建立在经验基础上的建议性指南，而且大多数还是围绕能源设计和传热分析、计算等方面。

本章节拟重点从能源桩处于周围岩土体等约束条件下，在温度改变过程中以及承受上部荷载情况下的应力-应变特征来探讨其结构响应的一般规律。

本章节在符号上规定：（1）温升引起的桩体膨胀应变为正值，温降引起的收缩应变为负值；（2）桩体中的拉应变为正值，压应变为负值；（3）桩体中的拉应力或拉力为正值，压力或压应力为负值；（4）桩身侧壁摩阻力向上为正，向下为负。

6.2 在温度荷载作用下桩-土的相互作用机理

当对一根顶部未承受荷载的基桩进行加热时发生膨胀。相反地，制冷时则收缩。当将其视为一根自由竖立的杆件时，其在热力条件下的变形特性满足下述方程：

$$\varepsilon_{T-Free} = a_c \Delta T \tag{6-1}$$

式中 ε_{T-Free}——没有受到任何约束时桩体的轴向温度应变；

a_c——混凝土的自由膨胀/收缩系数；

ΔT——桩体温度改变量。

当基桩埋入土中之后，它就不能自由地膨胀或收缩了。因为此时桩-土接触面上由于摩阻力的作用而出现了侧向约束以及在桩顶、桩底出现了端部约束。这样实测到的由于温度改变引起的桩身应变值小于公式（6-1）计算出的值，即：

$$\varepsilon_{T-Obs} \leqslant \varepsilon_{T-Free} \tag{6-2}$$

由此，轴向约束应变ε_{T-Rstr}可按下式估算：

$$\varepsilon_{T-Rstr} = \varepsilon_{T-Free} - \varepsilon_{T-Obs} \tag{6-3}$$

约束应变ε_{T-Rstr}在桩体中形成了温度应力。这一应力在结构设计时应予以考虑。

对于一个已知的由于温度变化而引起的应变改变量，相应的轴向附加荷载可以用下式来估算：

$$P_T = -EA\,\varepsilon_{T-Rstr} = -EA\,(\alpha_c \Delta T - \varepsilon_{T-Obs}) \tag{6-4}$$

式中　E——桩体的杨氏模量（弹性模量）；

　　　A——桩体的横截面积。

"—"号表明桩-土相互作用下的温度约束应变提供了一个针对桩体变形反向的作用力。

当给桩体加热时，桩体产生膨胀，轴向位移受到由桩-土界面摩阻力的反向约束。如果桩体两端均自由移动（即无端部约束），而且假定温度改变引起的桩体侧壁约束不随深度而改变（即均匀分布），则在中部实测到的应变值ε_{T-Obs}应最小，而在两端最大。桩体膨胀后不同程度的侧壁约束条件所对应的轴向应变曲线如图 6-2 所示。为考察地层对桩基工作性状的约束，考虑了以下两种应变分布情况：分布图 A（侧壁摩阻力较强时）和分布图 B（侧壁摩阻力较弱时）。ε_{T-Obs}的最小值随着桩-土接触面的摩阻力增大而降低，且与多种因素有关，例如岩土类型（细粒土、粗粒土或岩层）、地层的刚性以及输入的热量值大小等。桩土侧壁的侧向约束导致了桩体中由温度改变引起的约束力。当桩体加热时，表现为压力。其量值的大小可通过公式（6-4）来计算。对于图 6-2 中分布图 A 所示的应变分布模式，约束应变和约束应力的最大值出现在中部（图 6-2b）。相应地，膨胀变形所引起的侧壁摩阻力在桩体的上半部分表现为负值，此时桩体相对周围岩土体向上运动；下半部分表现为正值，此时桩体向下推移。

当给桩体制冷时，桩体收缩变形（表现为负的应变增量），产生了拉伸约束应力；桩体侧壁上半部分产生了向上的摩阻力（正值），而在下部分产生了向下的摩阻力（负值）。这种情况下的应变、桩体内的约束应力以及侧壁摩阻力的分布形式与加热时相似，只是符号刚好相反。

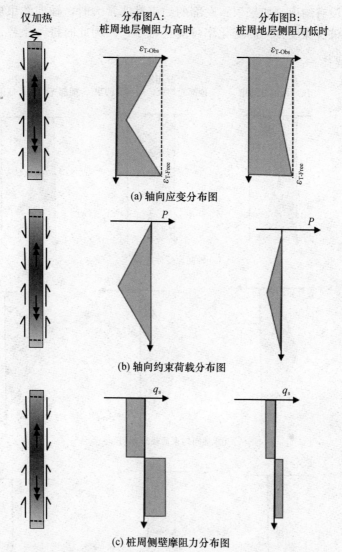

图 6-2 无桩端约束时桩体在温度荷载作用下的应力-应变特性[141]

桩端约束对于桩顶部来说主要来自于上部结构和相应的荷载；而对于桩底部来说，主要是桩底持力层（例如坚硬岩土层）对桩端的约束。成桩方式[142,143]和灌注质量控制[144~146]对能源桩桩端的约束条件也有很大的影响。例如，对于灌注桩来说，即使桩端持力层为坚硬的岩层，如果桩底的沉渣厚度过大，也会削弱桩端的约束效应。加热过程中，由于桩端约束的影响，膨胀应变受到抑制，额外的压应力就会在桩端产生。桩身应变和约束荷载随着深度而变化，且不同的桩端约束条件将产生不同的分布特征（图 6-3）。分布图 C 表示桩顶和桩底受到部分约束；分布图 D 表示顶部没有约束，底部有约束；分布图 E 表示顶部有约束、底部没有约束。如果顶、底部的约束都非常大时，轴向约束应力就会非常大，但沿桩身深度方向的变化率可能会很小，因为此时桩—土界面的相对运动受到了抑制。

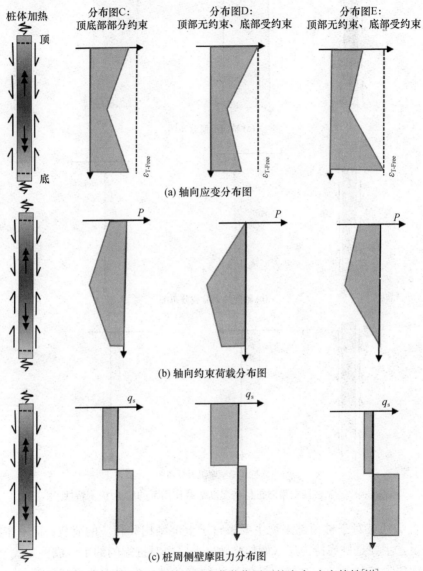

(a) 轴向应变分布图

(b) 轴向约束荷载分布图

(c) 桩周侧壁摩阻力分布图

图 6-3 有桩端约束时桩体在温度荷载作用下的应力-应变特性[141]

如果是给桩体制冷的工况，则相反的情况就会发生，即：轴向约束应力为拉应力。

6.3　在温度和结构耦合作用下的桩-土相互作用机理

当承受荷载的基桩作为地源热泵的换热构件时，桩身任一深度的总应变值可用下式来估算：

$$\varepsilon_{\text{Total}} = \varepsilon_{\text{M}} + \varepsilon_{\text{T−Obs}} \qquad (6-5)$$

式中　ε_{M}——桩顶所施加的荷载在桩体里引起的结构应变。

从桩身结构应变可得到结构作用力，即：

$$P_{\text{M}} = EA\,\varepsilon_{\text{M}} \qquad (6-6)$$

利用$\varepsilon_{\text{T−Obs}}$数据，约束应变$\varepsilon_{\text{T−Rstr}}$便可由公式（6-3）推算出来，进而可以得到轴向温度荷载 P_{T}，即公式（6-4）。从公式（6-4）和公式（6-6）就可得到总的桩身荷载 P_{Total}，即：

$$P_{\text{Total}} = P_{\text{M}} + P_{\text{T}} \qquad (6-7)$$

桩身轴向荷载和侧壁摩阻力的分布特征如图 6-4 和图 6-5 所示[141]。该简化模型分别考察了仅承受竖向结构荷载、仅承受温度荷载（加热/制冷）和两种荷载组合作用下等几种工况。这里首先假定结构荷载仅由桩身侧壁的摩阻力承担，且沿桩身深度方向摩阻力是不变的，这样桩身结构荷载沿深度是线性变化的，如图 6-4（a）所示。

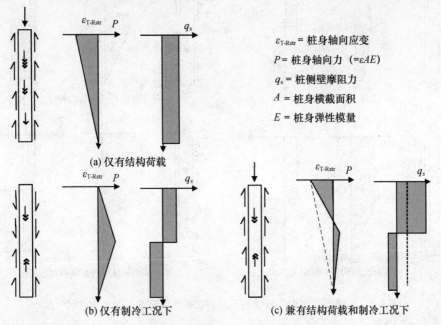

$\varepsilon_{\text{T-Rstr}}$ = 桩身轴向应变

P = 桩身轴向力 （=εAE）

q_{s} = 桩侧壁摩阻力

A = 桩身横截面积

E = 桩身弹性模量

(a) 仅有结构荷载

(b) 仅有制冷工况下　　　　(c) 兼有结构荷载和制冷工况下

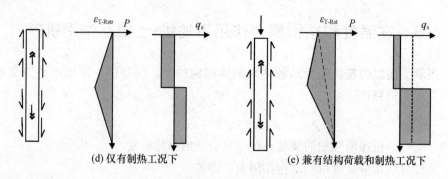

(d) 仅有制热工况下　　　　　　　　(e) 兼有结构荷载和制热工况下

图 6-4　在温度和结构荷载作用下基桩的工作性状[141]

　　其他图示中分别给出了桩身仅在温度荷载作用下的结构响应，即制冷时
［图 6-4（b）］、加热时［图 6-4（d）］以及温度荷载和结构荷载组合时［图 6-4（c）
和图 6-4（e）］。进一步延伸，可以综合考虑在桩端约束条件下，桩身受到温度和
结构荷载作用下的结构响应特性（图 6-5）。当加热时，桩端约束制约了其自由
膨胀，进而产生了附加应力，这样桩身总体的应力水平提高了，如图 6-5（b）
和图 6-5（d）所示。

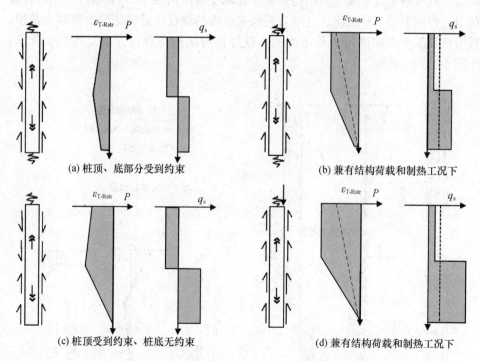

(a) 桩顶、底部分受到约束　　　　　　(b) 兼有结构荷载和制热工况下

(c) 桩顶受到约束、桩底无约束　　　　(d) 兼有结构荷载和制热工况下

图 6-5　在温度和结构荷载作用下且桩端有约束时基桩的工作性状[141]

6.4 CFG能源桩结构响应案例分析

1. 工况 1：温度荷载对 CFG 桩身结构的影响

图 6-6 为实测到桩身应变和温度的变化，以及根据公式（6-3）计算得到的附加温度应力。依据《混凝土结构设计规范》（GB 50010—2010）[147]，桩身混凝土为 C20，热膨胀系数取为 10 $\mu\varepsilon/℃$，弹性模量 E 取值 25.5GPa，桩横断面的面积 $A = 0.13847m^2$。

图 6-6 中左侧图为加热后实测到桩身温度、应变沿桩的深度方向分布。进口水温恒定 35℃，加热 144h 后，桩身温度从 16℃增加至 25.5℃，温度变化 $\Delta T = 9.5℃$，桩身膨胀，应变为正值。由于桩顶无荷载约束，所以监测到的桩顶应变 ε_{T-Obs} 较大；然而，监测到的桩底的应变较小，说明桩底卵石地层对桩变形的约束较大，温度升高时，制约桩身的自由膨胀，由温度引起的附加应力较大。

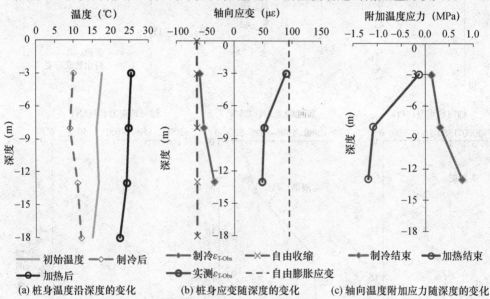

(a) 桩身温度沿深度的变化　　(b) 桩身应变随深度的变化　　(c) 轴向温度附加应力随深度的变化

图 6-6　CFG桩加热和制冷两种工况下桩身的结构响应，
加热工况 $\Delta T = 9.5℃$，制冷工况 $\Delta T = -7℃$

图 6-6 中右侧图为制冷后实测到桩身温度、应变沿桩的深度方向分布。进口水温控制为 5℃，制冷 144h 后，桩身温度从 16℃降低至 9℃，温度变化 $\Delta T = -7℃$，桩身收缩，应变为负值。同样，桩顶无荷载约束，所以监测到的应变 ε_{T-Obs} 较大；与加热工况相同，监测到的桩底的应变较小，说明桩底卵石地层对桩变形的约束较大，产生轴向拉应力。

与伦敦和洛桑的测试桩、信阳桩[68,139]在加热条件下桩身应变随深度的变化规律相比较（图 6-7），CFG 能源桩仅在温度荷载作用下的变形规律类似：即桩顶无约束，而桩底受到的约束较大，桩下部实测的约束应变小于上部。

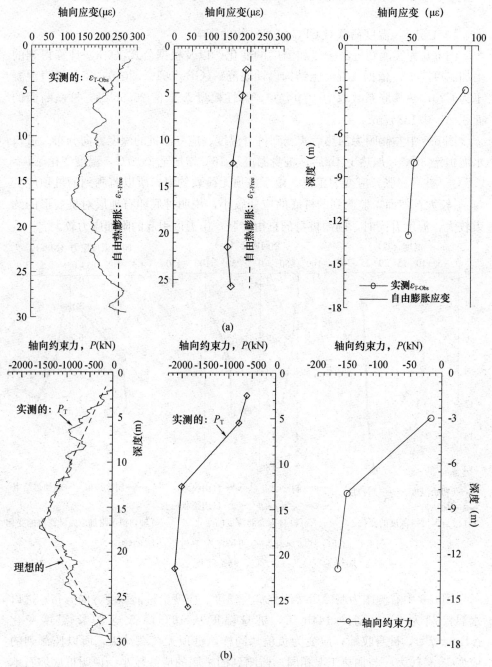

图 6-7 （a）在加热工况下桩身实测应变和自由热膨胀应变；（b）在加热工况下桩身轴向约束力：伦敦热汇桩，$\Delta T = 29.4℃$（左图），洛桑测试桩 $\Delta T = 20.9℃$（中图），CFG 桩 $\Delta T = 9.5℃$（右图）

CFG 桩在加热条件下，加热时长 144h，温差 $\Delta T=9.5℃$，桩身产生最大附加温度应力 1.2MPa。图 6-8 上半部分析了加热时 CFG 桩桩身附加应力最大值（13m 处）与温度改变之间的相关关系是：

$$\sigma_T = -119VT \tag{6-8}$$

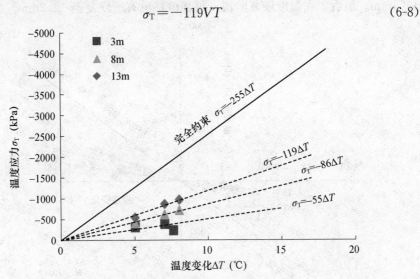

图 6-8　加热时桩身温度应力与温差关系曲线

在制冷条件下，制冷时长 144h，温差 $\Delta T=-7℃$，桩身产生最大附加温度应力 0.7MPa。图 6-9 下半部分析了制冷时 CFG 桩桩身附加应力最大值（13m 处）与温度改变之间的相关关系是：

$$\sigma_T = -111\Delta T \tag{6-9}$$

在实际运行中，桩埋管地下换热器正常加热运行（进水口温度 35℃，回水温度 31℃）制冷运行（进水口温度 5℃，回水温度 9℃）引起的桩身温度变化 $\Delta T \leqslant 15℃$，因此，由于桩埋管的温度变化产生的最大压应力不会超过 1785kPa，最大拉应力不会超过 1665 kPa。图 6-9 中完全约束状态是指在桩体周围产生的侧摩阻力足够大时，完全约束住桩体由于温度变化引起的变形。

2. 工况 2：在结构和温度耦合作用下桩身结构响应

先将 CFG 桩的桩顶荷载加载至 1020kN（400kPa），并维持稳定不变，然后启动热响应测试仪给桩基加热 48h，停止加热设备 48h，让桩体温度自然恢复，启动冷风机组给桩体制冷 48h，最后停止制冷设备 48h，让桩体温度自然恢复。量测桩顶位移和桩身应力应变。该工况测试，旨在研究能源 CFG 桩，在冷一热循环荷载和结构荷载共同作用下桩身的结构响应。

在上述测试工况下，桩顶的位移情况如图 6-10 所示。当桩身施加结构荷载至 400kPa 时，桩顶沉降了 11.42mm；然后随着对桩身的加热，桩身受热膨胀导致桩顶位移有轻微回弹的趋势，加热过程中桩顶最大回弹量为0.28mm。随后在桩体温度恢复阶段，桩顶沉降基本恢复至11.6mm；在制冷过程中，桩身温度降低收缩，桩顶沉降增加，当制冷结束时，桩顶的位移为12.64mm，桩顶下沉了1.04mm；最后，在温度恢复阶段，桩顶位移也有所恢复至12.2mm。

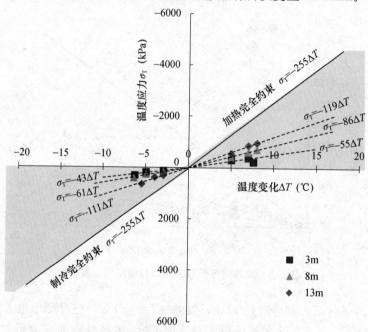

图 6-9　加热和制冷桩身温度应力与温度改变关系曲线

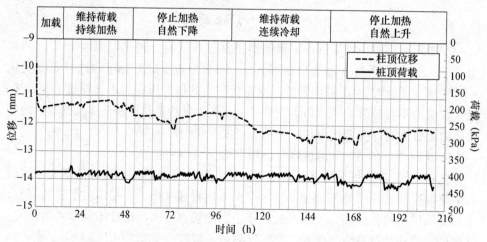

图 6-10　桩顶荷载和桩顶位移随时间变化曲线

当桩体温度和结构荷载发生变化的时侯，桩身应变也随之发生变化。在温度循环荷载作用下，桩身温度变化和轴向应变随时间变化曲线如图 6-11 所示。

桩体被加热后，桩体膨胀，产生轴向拉应变，且随着桩体温度的升高逐渐增大；反之，当被制冷时，桩体收缩，产生轴向压应变。在加热结束和制冷结束两个恢复阶段桩身应变有所恢复。

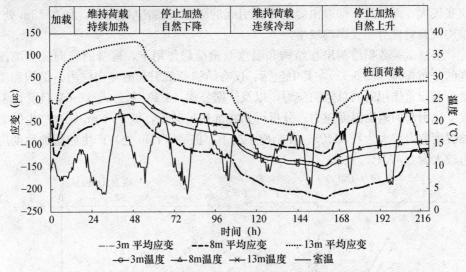

图 6-11　在结构和温度荷载双重作用下桩身温度和桩身应变随时间变化曲线

在桩顶维持恒定荷载条件下，CFG 桩在加热后和制冷后桩身温度沿深度变化如图 6-12（a）所示，桩身加热 48h 后温度增加约 10℃，恢复 48h，然后制冷48h 后，桩体温度降低了约−7℃。从图中可以看出，除了桩顶附近数米范围受到些环境温度影响外，其他沿桩深度方向的改变量基本是一致的。

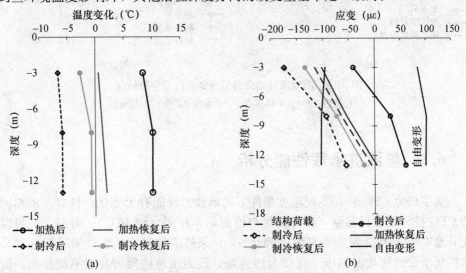

图 6-12　桩顶加载 1020kN

（a）加热和制冷后桩身温度；（b）桩身应变沿深度的变化曲线

图 6-12 (b) 为桩身应变沿深度的变化曲线，图中虚线表示在该温差条件下自由膨胀或收缩时的应变值。在桩顶维持恒定结构荷载条件下，通过桩内埋管对桩进行加热和制冷，从中可以看出受上部荷载的影响，桩身上部产生的约束应变较大，而桩身下部以由温度变化引起的膨胀/收缩应变为主，且在 13m 处，结构荷载对桩身应变影响较小。

通过试验数据绘制出在结构和温度双重荷载作用下，桩身的竖向应力随深度的分布规律（图 6-13），其中包括：仅有结构荷载引起的竖向应力，结构和温度荷载双重作用时的总竖向应力，以及依据公式（6-4）和公式（6-6）计算由温度变化引起的附加温度应力。分析可知在加热工况下，桩顶（3m 处）产生的附加温度应力较大为 0.8MPa；在制冷工况下，桩底（13m 处）产生的附加温度应力较大为 0.7MPa。

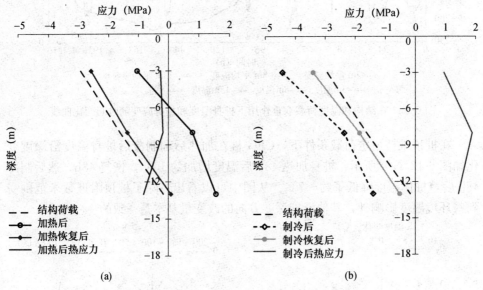

图 6-13　温度循环结束时桩身竖向应力分布情况，
（a）加热 $\Delta T = 10℃$ 结束后；（b）制冷 $\Delta T = -7℃$ 结束后

6.5　能源桩承载性能分析

为了研究 CFG 桩在不同温度条件下的承载力性能有无变化，针对三根相同的 CFG 桩分别进行常温（桩身温度与地温基本相同，约 16℃）、升温（桩身温度升至 26℃）和降温（桩身温度降至 9℃）条件下的静力压桩试验（图 6-14），试桩所承受的荷载由油压千斤顶分级施加，反力由地锚反力装置系统提供。同时利用热响应测试仪，通过预埋在桩里的换热管路对桩进行加热和制冷。试验加载量为设计单桩复合地基承载力特征值的 2 倍，根据《建筑桩基技术规范》

(JGJ 94—2008)[148]计算得单桩复合地基承载力特征值 $f_{\mathrm{sp.k}} = 533\mathrm{kPa}$，确定最大试验加载量为 2700kN。沉降观测装置采用在承压板四边分别架设位移传感器。在每级荷载作用下，沉降量每小时内小于 0.1mm 时视为稳定。试验统计结果见表 6-1。

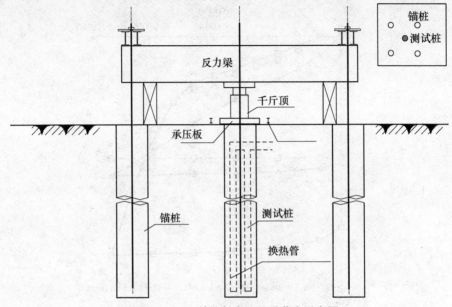

图 6-14　CFG 单桩复合地基承载力示意图

表 6-1　单桩复合地基静载荷试验的结果

有无埋管	温度荷载	最大荷载 （kPa）	总沉降 （mm）	回弹量 （mm）	历时 （min）
有埋管	制冷	1089	53.01	4.37	3750
无埋管	无	1089	83.36	10.46	4500
有埋管	加热	1089	45.46	0.01	2460

图 6-15 中曲线 a 为常温单桩复合静载试验 p-s 曲线，在 693kPa 处有较明显的极限拐点，其极限荷载可确定为 693kPa；在加热条件下，根据 p-s 曲线 b 的拐点可以判断其极限荷载为 693kPa。在制冷条件下，曲线 c 呈平缓的光滑曲线时，可按相对变形值确定对水泥粉煤灰碎石桩复合地基，当以卵石为主的地基，可取 s/b 等于 0.008 所对应的压力（s 为载荷试验承压板的沉降量；b 为承压板宽度），其极限荷载可确定为 594kPa。

从图 6-5 分析可知，在加热工况下，CFG 桩内埋管对其承载力影响较小，而在制冷工况下，其承载力降低 14%。另外，从图 6-15 中虚线标示可以看出：在相同荷载条件下，如加载至 693kPa 时，加热工况的桩顶沉降与常温条件下桩的沉降相同，而在制冷工况下，桩顶的沉降量明显增大。所以，在制冷工况下，桩的承载性能有一定的弱化，这可能与制冷过程中，桩身温度降低收缩，混凝土局部拉裂，导致桩的承载性能下降。综合以上情况，能源 CFG 设计时应予以谨慎考虑冬季运行（制冷工况）时桩的承载能力。

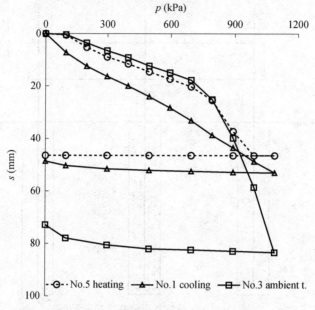

图 6-15　CFG 单桩复合静载试验结果对比分析

6.6　小结

在加热或制冷过程中，能源桩膨胀或收缩，改变了桩-土相互作用关系[149,150]。在一些情况下可能产生不可预料的后果，例如建筑物的附加沉降、桩身轴向拉应力产生、过大的轴向压缩应力或者使桩周摩阻力达到限定值等。尽管目前还没有能源桩变形破坏的案例相关报道，但对温度—荷载作用下桩的结构响应问题作深入研究有助于我们更好地理解能源桩的工作性能和安全性，也可避免过于保守的设计。

桩土侧壁的侧向约束导致了桩体中由温度改变引起的附加温度应力。当桩体加热时，桩体产生膨胀，表现为压应力；当给桩体制冷时，桩体收缩变形（表现为负的应变增量），产生了拉应力，这种情况下的桩身应变、附加应力的分布形式与加热时相似，只是符号刚好相反；在结构和温度双重荷载作用下，在加热过程中，桩顶位移有轻微回弹的趋势；在制冷阶段，桩顶的沉降增大，加热和制冷两种工况相较而言，制冷工况对桩顶沉降的影响比较大；制冷工况比加热工况对换热桩的承载力影响明显，这在能源桩设计时，需着重考虑制冷工况下桩基的承载性能。

7　地下水对能源桩换热性能的影响

　　由于地源热泵地下换热器穿越不同性质的地质层，各地质层的性能都会极大影响其传热过程，尤其是位于地下水位以下的岩土体饱和区内，地下水流动的影响尤为重要，对于孔隙率大、渗透系数较高的含水层，作用更为明显[151]。地下水主要以吸附于颗粒表面的结合水和存在于颗粒间电场范围以外的自由水等形式而存在，大量的实验室试验研究表明不同含水量的同一类土体，其导热性能随着含水率的增大而增大[152]；同时，文献[153~155]在地源热泵现场岩土热物性测试中，也发现地下水流动有利于地下换热系统的换热性能，测得的岩土综合导热系数随着水流速度的增大而增大。

　　最近二十年，桩基埋管地下换热器开始大量使用[156~158]，因其比钻孔埋管换热器更丰富的埋管形式，使得利用 TRT 实验测到的综合导热系数的解释变得更困难，尤其是在地下水渗流可能发生的时候。地下水渗流对钻孔埋管换热器换热性能的影响研究较多[159,160]。一般认为，地下水渗流会因为热对流而有利于地下钻孔埋管系统的换热[161,162]，如果在设计中考虑地下水流动影响，会减少了热交换器的设计长度。英国 Croydon project 中某三层办公建筑钻孔埋管换热性能研究表明在地源热泵季节性运行过程中夏季的循环水温远低于设计时考虑的温度，主要是因为在设计时没有考虑地下水渗流的作用[153,163]。在其他现场 TRT 测试中，研究人员还通过建设抽水井和注水井，人工制造不同流速的地下水渗流情况，从无地下水渗流到达西流速，最终增大到 100m/yr，从而定量得出岩土综合导热系数从 2.4W/(m·℃) 增加到 3.1W/(m·℃) 的结果[155]，该现场实验研究表明微弱地下水渗流会导致岩土综合导热系数的显著提高。Huber 做了一个原位试验。抽水井抽水，相邻 7.9m 的钻孔进行 TRT 测试。结论是：当抽水井抽水速度分别为 0m³/h、3.4m³/h、7.5m³/h 时，测得的平均热导率分别为 2.11W/(m·℃)，2.37W/(m·℃)，2.49W/(m·℃)[164]。此外，Huber 做了一个模型箱试验。用电阻丝模拟热源，施加各种流速的渗流，测箱内传感器的温度响应。采用 FEFlow 计算渗流速度对计算热导率的影响，饱和砂的热导率取 2.4W/(m·℃)，渗流速度为 0.6~1.0m/d 的时候，数值计算的热导率升高至 4.4W/(m·℃)[165,166]。Witte 做了一个原位试验，抽水井以 3.26m³/h 的速度抽水，相邻 2.5m 的钻孔进行 TRT 测试，抽水前后的热导率分别为 2.09W/(m·℃)与 2.31W/(m·℃)[167]。Sanner 做了一个原位试验，抽水井以 2.89m³/h 的速度抽水，相邻 5m 的钻孔进行 TRT 测试，抽水前后的热导率分别为 2.34W/(m·℃)

与 3.22W/(m·℃)。Witte 用过一个叫 HST3D 的软件对这个 case 进行了模拟[163]。桩埋管换热器形式复杂，一般使用桩基的地方多贯穿于地下水富含地区，然而地下水渗流对桩基埋管换热器换热性能的研究不多见[168,169]。如何更准确地评价地下水渗流对桩基埋管换热性能的影响，不仅有助于更好地解释 TRT 实验结果，也将有利于完善地下水丰富地区桩基埋管换热设计计算方法。

7.1 地下换热器有限元模拟

在地下换热器的计算中，理论热源模型[170~172]无法计算管内流体的温度，只能用来估算岩土体的温度响应。随着数值计算能力的提升，为了弥补解析解在近似与假设上的缺陷，取得更精细的模拟结果，通常采用数值模型，在给定相关热物参数之后建立数值模型，模拟地下换热器的传热过程[173,174]。国内外已有了很多利用 FLUENT、MARC、ANSYS 等有限元软件对地下换热器进行模拟的例子。

北京科技大学、华中科技大学以及重庆大学等研究单位采用了计算流体力学软件 FLUENT 对地埋管进行了数值模拟[175~180]。计算结果均与实验值吻合较好，而且可得到整个截面上的流体温度分布。不足之处是划分网格较密（有的算例中管内流体的网格尺寸为 0.015m），不能进行大批量的地埋管的计算。

同济大学、东南大学以及中国建筑西南勘察设计研究院等研究单位采用有限元软件 ANSYS[181,182]，北方工业大学采用了有限元软件 MSC.MARC 对地埋管进行了数值模拟[183]。由于 ANSYS 与 MSC.MARC 软件中没有可以直接模拟流体流动的单元，所以通常采用施加热荷载的方法来模拟 U 形管与土壤的传热，因此只能得到土壤的温度分布。

重庆大学、吉林大学等研究单位采用通用数学软件 MATLAB 中的 PDE 工具箱对地埋管进行了数值模拟[179,184]。同样也是通过改变边界条件，在管壁施加热荷载来模拟地下换热器的传热过程，而且 PDE 工具箱只能求解二维问题，因此需通过选取对称面的方法对地埋管进行模拟。

大连理工大学采用有限单元法[185]，华中科技大学、浙江大学等采用有限差分法[177,186]以及北方工业大学[187]采用有限元线法编写了有限元程序对地埋管进行数值模拟。这些程序通常采用圆柱热源理论的方法，在边界上施加热荷载，取对称面进行计算。

清华大学土木系地下工程研究所相关科研人员在总结和分析了地下换热器已有计算模型特点的基础上，于 2010 年提出可以采用 ANSYS 中的 FLUID116 线单元来模拟 U 形管，用线单元来模拟管内流体不需要增加额外的网格数目，是一种简化而且高效的方法。相比之下，传统的 CFD 方法虽然可以考虑复杂的紊流特征，但是需要十分精细的网格与极小的时间步长，计算十分困难。在

ANSYS软件中可选用FLUID116线单元来模拟埋管中流体的流动，与CFD类似的是，需指定单元中对流换热系数 h 的取值来计算对流换热。

7.2　含水量对岩土导热性能的影响

土壤的导热系数与地层岩土体的成分、含水率、干密度等有着密切的关系。文献[188]研究表明含水率对相对软弱的岩土体导热系数影响较大，其导热系数均随含水率的增加而增大。在标准状况下，水的导热系数 [0.57W/(m·℃)] 大约是干空气 [0.026W/(m·℃)] 的20倍，加上水分在岩土体颗粒与气体的接触面上可形成水膜，减小接触热阻。这双重因素导致当松散岩土体孔隙中的气体被水分代替后，整体的导热系数也随之增大。

EWEN Johansen[189]对土的热导率进行了较为深入的研究，归纳总结出计算土的热导率 k 的经验公式为：

$$k = (k_{sat} - k_{dry})Ke + k_{dry} \tag{7-1}$$

式中　k_{sat}——饱和状态下土的热导率；

　　　k_{dry}——干燥状态下土的热导率；

　　　Ke——Kersten数[190]。

Johansen分别给出了半经验方程：

$$k_{dry} = \frac{0.137\rho_d + 64.7}{2700 - 0.947\rho_d} \pm 20\% \tag{7-2}$$

式中　ρ_d——土的干密度，kg/m^3。

$$Ke = 0.7\log S_r + 1.0 (S_r > 0.05) \tag{7-3}$$

$$k_{sat} = k_s^{1-n} k_w^n \tag{7-4}$$

式中　k_w——水的热传导率0.57W/(m·℃)。

$$k_s = k_q^q k_0^{1-q} \tag{7-5}$$

式中　k_q，k_0——石英和其他矿物的热导率；

　　　q——总固体含量中石英占的组分。

Harlan和Nixon[191]总结了Kersten[190]所做的大量的研究工作可用于来估算基于土的类型、干密度、含水量以及饱和度的土的热传导率。1981年Farouki[193]推导出按照含水量 ω 及干密度 ρ_d 表示热传导率 k [W/(m·℃)]，对于粗粒土（黏土含量 <20%，砂、砾）的热传导率表示为：

$$k = 0.1442(0.7\log\omega + 0.4)(10)^{0.6243\rho_d} \tag{7-6}$$

对于细粒土（粉质黏粒含量 ≥50%，粉土、黏土）热传导率表示为公式（7-7），其热传导率值的选择分别是基于含水量、干密度和饱和度情况。

$$k=0.1442(0.9\log\omega-0.2)(10)^{0.6243\rho_d} \tag{7-7}$$

1984 年，L. A. Salomone 等[152]总结为 AMRL 选用的粉质黏土在不同干密度的土样，热传导性随含水率的变化曲线，指出导热率随着密度和含水量的增加而增加，热阻率随含水量的增大而减小。N. H. Abu-Hamdeh[193]通过实验定性得到土壤热导率随密度和含水量增加而增加的结论，并在文献[193]中对砂土和黏土比热容理论预期值和实验测试值进行对比，给出土体比热容、热导率与孔隙率、干密度及含水量间的经验公式。F. Donazzi[194]给出热阻率与孔隙率及饱和度关系公式，三者间的关系表示为指数形式。苏天明等[195]给出了多种饱和黏性土热导率与含水量，孔隙比之间的经验公式，指出饱和土体的热导率随含水量增加而降低，呈非线性规律，可用对数关系拟合。

7.3　地下水流动对地下换热器影响的理论背景

任何地区在一定的地下深度都存在一个含水层，地下水渗透和流动无处不在。在钻井现场设计过程中，许多复杂情况都是由于地下水的流动而导致的。地下水的流动不仅影响到岩土热传导率测定的准确性，而且影响到整个换热器的长期性能。当然，地下水流量大时会因为热对流而有利于系统换热[153,163]，此时如果在设计中考虑地下水流动影响，会减少了热交换器的设计长度。为了方便实际工程中的设计，有必要引入一个判别条件来判定什么时候该考虑地下水流动对换热器设计的影响，国外普遍引入 Pe 贝克莱数[196]来判别地下水流动对地下埋管热交换器的影响程度，并经过实验及许多工程实践的验证，采用该数来判别地下水流动对地下环路热交换设计的影响，基本上满足工程精度，且符合实际情况。

Pe 贝克莱数（Peclet Number）是在进行地下环路热交换器的设计时，判别是否应考虑地下水渗流影响的条件。它的物理意义是表示在地下水渗流中热对流强度与热传导强度的对比关系。其表达式为：

$$Pe=\frac{\rho_1 c_1 uL}{\lambda_{\mathrm{eff}}} \tag{7-8}$$

式中　ρ_1——流体密度，kg/m^3；

　　　c_1——流体的比热容，$J/(kg \cdot ℃)$；

　　　u——通过单位截面积的流速，$m/(s \cdot m^2)$，由达西定律得出 $u=-k\dfrac{\Delta h}{l}$；

　　　L——特征长度，m；

　　　λ_{eff}——有效热传导率，$W/(m \cdot ℃)$，$\lambda_{\mathrm{eff}}=n\lambda_1+(1-n)\lambda_s$；

　　k——渗透系数，m/s；

　　λ_l——流体的热传导率，W/(m·℃)；

　　λ_s——固体的热传导率，W/(m·℃)；

　　n——透水介质的孔隙率，即多孔介质中孔隙体积占总体积的比率。

当 Pe 数的值在 0.4~5 之间，地下渗流中既有热传导的作用，又有热对流的作用；而当 $Pe > 5$ 时，主要是热对流来进行热传递。

（1）地下水流动控制方程

对于地下环路热交换的设计而言，由 Pe 数可以看出，只需考虑介质在饱和状态的情况，而且假定流体密度和黏度均为常数，岩土为单一均匀介质，此时由达西定律得出地下水流动控制方程为：

$$S_s \frac{\partial h}{\partial t} = (K_0)_{ij} \frac{\partial^2 h}{\partial x_i^2} \qquad (7-9)$$

式中，S_s，$(K_0)_{ij}$ 均为常数。其中 $(K_0)_{ij}$ 为介质在饱和状态下的渗流系数，只与岩土特性有关，与孔隙压力状态无关。

渗流流速 ν 可由公式 $\nu = \dfrac{u}{n}$ 求得。

（2）地下水流动传热的控制方程

通过多孔介质的热迁移有三个过程：①通过固相的热传导；②通过液相的热传导；③通过液相的热对流。通过多孔介质传热的控制方程为：

$$nR \frac{\partial T}{\partial \tau} + \nu \frac{\partial T}{\partial x_i} = \frac{\partial}{\partial x_i} \left(D_{ij} \frac{\partial T}{\partial x_i} \right) \qquad (7-10)$$

式中　n——孔隙率；

　　　ν——渗流流速，m/s；

　　　T——岩土温度，℃；

　　　D_{ij}——扩散系数，m²/s；可由有效热扩散率 D_{eff} 代替：

$$D_{eff} = \frac{\lambda_{eff}}{\rho_l c_l} \qquad (7-11)$$

R 为延迟系数，因液体和固体之间体积热容不同导致热量迁移的延迟而引入的系数，由下式计算：

$$R = \frac{1 + (1-n) c_s \rho_s}{n c_l \rho_l} \qquad (7-12)$$

式中　c_l，c_s——液体和固体的比热容，J/(kg·℃)；

　　　ρ_l，ρ_s——液体和固体的密度，kg/m³。

方程中可视为常数的有关特性参数如 λ，K，c，ρ 均与岩土类型有关，只能通过试验或现场测定。

7.4　三维有限元模拟地下水渗流对桩基埋管换热的影响

紫荆华风与清华大学联合开发的浅层地热能三维有限元分析计算系统 RSAS (Redbud 3D Simulation and Analysis System for Geothermal)（图 7-1）模拟地下水渗流对桩基埋管换热性能的影响情况。该计算模型根据能量守恒，不考虑自然对流的含水土层传热，土层传热方程可表示为：

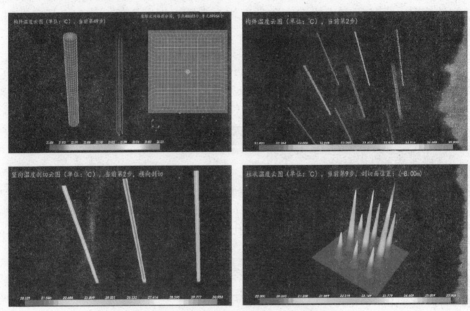

图 7-1　桩基埋管计算模型示意图

$$c\frac{\partial T}{\partial t} = \mathrm{div}(\lambda \cdot \mathrm{grad}T) - \mathrm{div}(c_w \cdot T \cdot V) \tag{7-13}$$

式中　c——含水土层的体积比热容，J/(m³ · ℃)；

　　　λ——含水土层的热导率，W/(m · ℃)；

　　　c_w——水的体积比热容，J/(m³ · ℃)；

　　　V——渗流速度，m/s。

根据达西定律与质量守恒，渗流方程可表示为：

$$\mu\frac{\partial H}{\partial t} = \mathrm{div}(k \cdot \mathrm{grad}H) + W \tag{7-14}$$

式中　H——地下水水头，m；

　　　k——渗透系数，m/s；

μ——弹性释水系数，m^3；

W——单位体积抽水量，m^3。

传热方程与渗流方程通过达西定律耦合可得：

$$V=-k \cdot \text{grad}H \qquad (7-15)$$

考虑了地下水渗流后，土层的传热过程包含了水流和热流在土体介质中的传输，联立式（7-13）～式（7-15），建立渗流传热的数学模型。RSAS 软件采用有限单元法[197]，通过网格划分将式（7-13）～式（7-15）离散化，求解微分方程的近似解。该系统通过参数化的输入方式，自动建立三维模型，自动进行自适应网格剖分，可以模拟钻孔埋管、热桩、连续墙在不同土层中的传热过程，提取 U 形导热管出口温度变化情况，计算热能交换分量和总量，分析土层在地热交换技术下的地温变化，分析地下水渗流对桩基埋管换热性能的影响情况。

7.5 地下水对能源桩的换热性能影响案例分析

天津滨海湖生态旅游度假区拟建场地位于天津市滨海新区，场地周边道路众多，南侧为杨北公路，西侧为京津高速公路，东侧为唐津高速公路。场地地理位置如图 7-2 所示。A7 地块总规划用地面积 96819.5m^2，总建筑面积410725m^2，由高层建筑和纯地下车库组成，拟建高层建筑地上层数为 27～33层，地下 2 层，建筑高度 79.20～96.60m，剪力墙结构，桩筏基础。

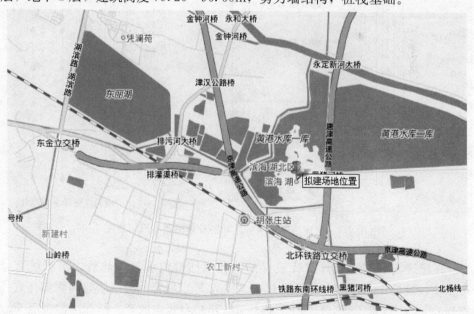

图 7-2　工程场区地理位置示意图

拟建场区在地貌单元上为海积平原，后经人工改造填垫而成。勘察期间场地为荒地，地形比较平坦。钻探范围内第四纪沉积土层以黏性土、粉土和砂土为主。按《天津市地基土层序划分技术规程》（DB/T 29-191—2009）[198]将地层划分为9大层，其中①层土为人工填土层，②～⑤层缺失，⑥～⑬层土为第四纪沉积土层（图7-3）。拟建场区第四纪地层中的地下水，主要赋存在人工填土、粉土和砂土层中。勘察期间，在22.0m深度内观测到两层地下水。第一层地下水类型为潜水，地下水稳定水位埋深为0.28～1.90m，水位标高为1.48～3.51m。第二层地下水类型为微承压水，水头距地面的距离为10.51～11.10m，水头标高为－8.25～－7.04m。该区紧邻黄港水库一库，水位标高2.90m，地下水的补给主要为大气降水入渗和地下径流补给。地下水的排泄以大气蒸发排泄为主。

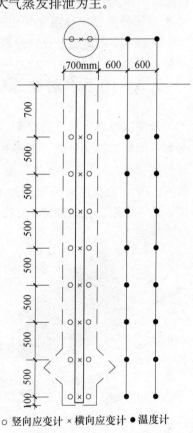

图7-3　拟建地区地层分布和桩身传感器布设示意图

在建筑场区内选取具有代表性的钻孔灌注桩内埋置换热管，测试桩直径700mm，桩长43m，桩内采用双U串联（W形）埋管，沿钢筋笼内侧绑扎直径32mm的高密度聚乙烯（HDPE）换热管。沿桩身竖向的8个断面（即每隔5m）布置竖向振弦式应变计[199,200]2只，横向振弦式应变计1只（图7-3右），全程监测在桩身的竖向和横向的应力应变。另外，在距桩边缘 0.6m 和 1.2m 处布设两个测温孔，孔深 43m，温度传感器埋设位置与应变传感器在同一水平面上。能源桩的施工方法为先成孔浇灌混凝土后插钢筋笼，HDPE 管随着钢筋笼的下沉分段绑扎，具体施工如图 7-4 所示。

图 7-4　现场绑扎传感器、HDPE 管绑扎施工图片

　　基于 TRT 和 TPT 两种方法开展能源桩原位土壤热物性测试，现场测试结果已在 3.6 章节介绍，本地区的岩土体综合导热系数 2.22W/(m·℃) 高于常规岩土体的综合导热系数。继而采用现场取样法，在测试桩周围钻孔，按照地勘资料将地层分布分成 9 个断面，距地面每隔 5m 取一个原状土样，进行实验室热物理测试。从表 3-1 实验室热物理测试结果来看，各层岩土体的导热系数介于 1.27～2.01W/(m·℃) 之间，平均导热系数为 1.54W/(m·℃)。而原位测试的结果2.22W/(m·℃) 高于实验室测试结果，一部分原因可能是实验室试样的含水量在运输途中有所损失；一部分是依据本地区的地质水文情况分析，该地区紧靠水库，地层中富存的地下水，地下水流动会对能源桩的换热性能产生较大的影响。

　　1. 考虑土体含水量对桩热物性参数的影响

　　为了解土壤的含水量对岩土 TRT 测试中获得的岩土综合导热系数的影响，在有限元模型建模时，将土层的密度分别采用表 3-1 中土壤的干密度（去除含水量的影响）和天然密度，模拟地层中无渗流条件下的 TRT 测试，测试时长 68h，加热功率 2.3kW，管内循环工质流量 0.8m³/h（流速为 0.42m/s），$t=0$ 时刻进口水温设为 16.3℃。图 7-5 为进、出口平均温度随时间变化曲线，基于柱热源模型理论模型，在采用土壤干密度计算时，岩土综合导热系数为 1.83W/(m·℃)；而土壤在自然状态下（采用表 3-1 测试得到的天然密度），岩土综合导热系数增大到 2.11W/(m·℃)，增加了 15%。这说明了土壤的含水量对其导热性能有所影响，随土壤含水量的增大，其导热系数有所增大［假定土体积热容量是 3×106J/(kg·m³)］。

2. 考虑地下水渗流对桩热响应试验影响

为了验证地下水渗流对能源桩换热性能的影响，利用三维有限元分析方法模拟不同地下水渗流条件下能源桩换热性能。模型中埋设区域的土体范围考虑 11 m×11 m×60m，按照实验室热物理测试结果将地层沿深度方向分为 9 层，其热物性参数依照实验室参数取值。埋设区域内考虑无地下水渗流（即流速为 0m/s）和有地下水渗流，有地下水渗流情况下采用稳态达西流动，流速分别为 5E-8m/s，E-7m/s，3E-7m/ss，3.64E-7m/s，5E-7m/s，1.39E-6m/s，2E-6m/s，3.6E-6m/s，5E-6m/s，8.2E-6m/s，5E-5m/s 和 5E-4m/s。土体的初始温度为 16.3℃。土体的边界均设置为绝热条件，地下水渗流的进口处水温设为 16.3℃，与初始地温相同。

基于 TRT 测试，图 7-5 给出了在不同地下水渗流速度条件下，换热器进、出水平均温度随时间的变化曲线。从图中可以看出，在前 10h，地下水渗流对进、出口水温没有什么影响，这可能是由于在此期间以桩的内部换热为主，也可能是换热管内循环工质的温度与桩身初始温度的温差还不够大（大约 4～6℃），所以产生的影响还不明显[188]；在加热 20h 后，不同流速下的地下水的进、出口平均水温随着时间的变化差异越来越明显，其中无渗流条件下的进、出口水温平均值增长得最快，水温也最高。

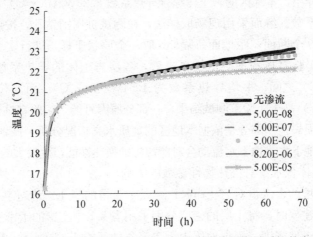

图 7-5　不同地下水渗流速度条件下，进出水平均温度随时间的变化曲线

图 7-6 给出了在不同地下水渗流速度条件下，该桩埋管换热器进、出口水温平均值随时间变化曲线。从图中计算结果可以看出，前 10～20h 地下水渗流对进、出口水温平均值影响很小，这有可能是在此期间换热主要在桩内进行所致，也可能是换热管内循环工质的温度与桩身初始温度的温差还不够大（大约 4～6℃），所以产生的影响还不明显。在加热 20h 后，不同流速下的地下水的进、出口平均水温随着时间的变化差异越来越明显，其中无渗流条件下的进、出口

水温平均值增长得最快，水温也最高。如果将加热 68h 的进出、口水温平均值与不同地下水渗流速度对应（图 7-7），则数值模拟结果明确地显示出进、出口平均温度随着地下水渗流速度增大而降低；利用不同渗流速度所获得的进、出口平均温度随时间的变化数据，按柱热源模型，分别计算岩土的综合导热系数，图 7-7 分析了地下水渗流对量测岩土综合导热系数的影响，随着渗流速度的增大，岩土综合导热系数有所增大，尤其是在无渗流到 5.0E-8m/s 区间，岩土综合导热系数从 2.03W/(m·℃) 增大到 2.25W/(m·℃)，增大了 10%，这说明即使有很微小的地下水流动对桩埋管换热的影响也是很明显的；另外，地下水流速在 1.39E-6～5.0E-5 区间，地下水渗流速度越大对其换热性能的影响越明显。

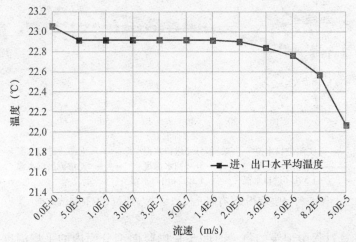

图 7-6　加热 68h，不同渗流速度对应的进、出口水的平均温度

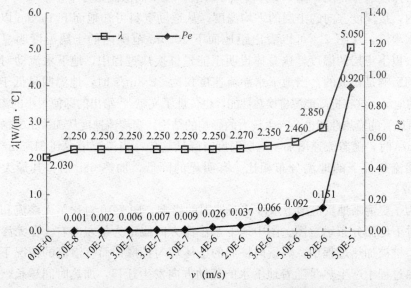

图 7-7　地下水渗流对计算的岩土综合导热系数的影响

同时，将 RSAS 有限元模拟的无渗流、流速 1.36E-6m/s 和 5E-5m/s 计算结果与 TRT 测试的实测数据相比较，从图 7-8 可以推测该测试区域有地下水渗流的影响。而从原位热物性测试数据计算得到岩土综合导热系数为 2.22W/(m·℃)，从图 7-7 中得知当地下水渗流速度为 1.39E-6m/s～5E-8m/s 之间计算结果［综合导热系数 2.25W/(m·℃)］与实测较为接近，可以预测该桩存在地下水的渗流。

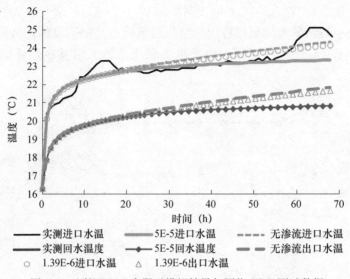

图 7-8　比较 RSAS 有限元模拟结果与原位 TRT 测试数据

提取计算过程中记录的每一时间步长内竖向剖分面内的平均温度，绘制出地温沿深度的分布图，图 7-9 为模拟 68h 后，在不同渗流条件下，在每一个计算步长内，按深度方向的土层的平均温度。从地勘资料可知地面下 10.5m 以下有地下水渗流，从图 7-9 可以看出距地面下 10.5m 范围内的土层温度明显高于 10.5m 以下土层的温度，这总体说明了能量桩换热过程中，地下水流动对土层温度的影响是积极的；当地下水渗流速度仅为 5E-8m/s 时，地温明显低于无渗流时的地温，这将提高能源桩换热性能，也佐证了文献[188]给出的即使很小的渗流速度对桩埋管的换热性能也会产生较大的影响的结论。当渗流速度从 5E-8m/s 增大到 5E-5m/s 时，随着流速增加，地层温度有降低趋势；当渗流增大到 5E-5m/s 时，与无渗流条件下的地温分布相比，有明显的降低，加热 68h 后，其最大差值为 0.02℃。

为了更清晰地反应地下水渗流对地温的影响，图 7-10 对比了无渗流和有渗流条件下地温分布示意图。图中地下水渗流方向假定为从左向右。在无渗流情况下，桩被加热过程中，热量向桩周的土体均匀扩散；而有渗流的情况下，桩在加热过程中产生热量随着地下水的流动方向发生迁移，加热时间越长，地下水对流传热的作用越明显。图 7-9 给出 60m 范围内 68h 沿桩深度方向地层平面平均温度的变化情况，根据不同种类土体的导热性能的不同，以无渗流工况作为参照，随着渗流速度的增大，土层积聚的热量随水流动方向发生迁移和消散，土层温度的降低，有助于桩－土之间的热量交换。

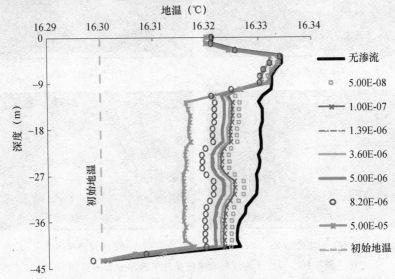

图 7-9　模拟 68h 后不同渗流速度下土层的平均温度沿深度的分布曲线

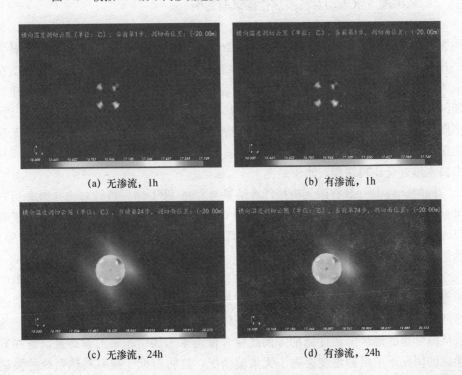

<table>
<tr><td>(a) 无渗流，1h</td><td>(b) 有渗流，1h</td></tr>
<tr><td>(c) 无渗流，24h</td><td>(d) 有渗流，24h</td></tr>
</table>

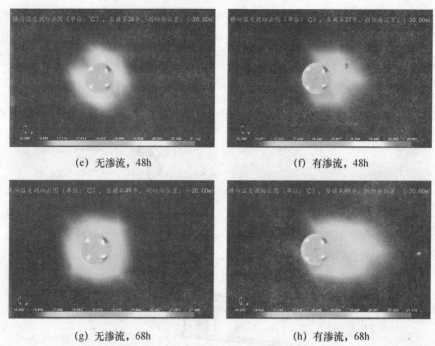

(e) 无渗流，48h   (f) 有渗流，48h

(g) 无渗流，68h   (h) 有渗流，68h

图 7-10   对比无渗流和有渗流条件下地温分布示意图

3. 考虑地下水流动对桩换热性能试验影响

恒定进口水温 TPT 制冷测试工况，测试时长 68h，进口水温设为 5℃，管内循环工质流量 $0.8m^3/h$（流速为 0.42m/s）。图 7-11 给出了恒定进口水温为 5℃时，不同速度的地下水渗流对出口水温随时间的变化的影响。同样发现，在前 10h 不同的地下水流速对出口水温产生的影响还不明显，这可能是由于在此期间以桩的内部换热为主，与土体间换热还没有达到平衡状态；在加热 20h 后，不同流速下对应的换热管出口水温随着时间的变化差异越来越明显，其中无渗流条件下的出口水温下降速率最快，水温最低；在地下渗流速度为 5E-5m/s 时，出口水温变化比较缓慢，水温最高。

同时，将 RSAS 有限元模拟计算结果与实测 TPT 结果进行对比（图 7-11），可见数值模拟结果和实测结果的变化趋势吻合，在 10h 之后，实测值略小于有限元模拟结果，这可能是现场外界诸多因素（如环境温度、连接管的长度等）的影响造成的。

图 7-12 为制冷 68h 时，不同地下水渗流速度对应的出口水的温度，从图中可以看出，出口水温度随着地下水渗流速度增大而增高。在制冷过程中，通过循环工质不断地从土体中取热，降低土体的温度，但是由于地下水的流动，热量从温度高的地区向温度低的方向迁移，带走了土层中积聚的蓄冷量，则在有渗流的情况下土层的温度会高于无渗流情况，这将有助于提高换热系统的换热

量，增加出口水温度。从图 7-12 数据显示从在无渗流到 5.0E-8m/s 区间，每延米换热功率从 70W/m 增大到 72W/m，增大了 2.8%，这表明即使有微小的地下水渗流，对其换热量的影响也是很明显的；另外，流速在 1.39E-6～5.0E-5 区间，地下水渗流速度越大对其换热量的影响越明显，流速为 5E-5m/s 时，其每延米散热功率为 84W/m，比无渗流情况下大增大了 20%。

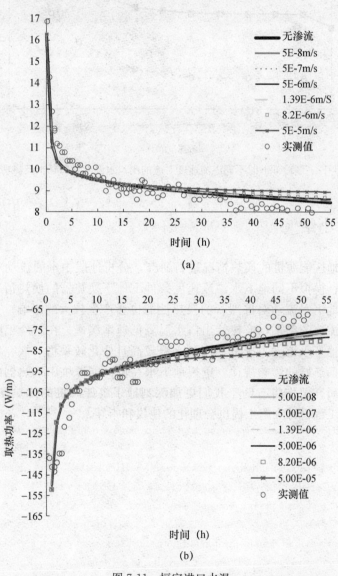

图 7-11　恒定进口水温

（a）不同地下水速度时出口水温；（b）每延米换热功率随时间的变化

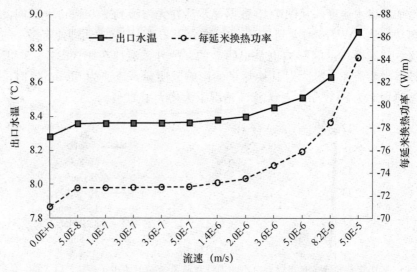

图 7-12　制冷 68h 时不同渗流速度对应的出口水温度和每延米换热功率

7.6　小结

对富水地区能源桩的换热情况进行研究，分析地层中水的流动对桩基换热的积极影响；模拟不同地下水渗流速度条件下地下换热器的换热情况，发现即使很微小的地下水流动对桩埋管的换热性能也会产生较大的影响；另外，随着地下水渗流流速的增加，换热管出口水温降低速率缓慢；在制冷工况下有地下水流动比无地下水流动工况下的出口水温较高且变化较平稳。探究地下水对能源桩的地下换热器的影响规律，重视地下水在设计能源桩中换热器的长度时的作用，这些研究工作将有助于我们更加深刻地了解能源桩的传热和结构性能，对能源桩的工程设计和施工提供合理化的建议和指导。

附录 A 典型土壤、岩石及回填料的热物性

		热导率 [W/(m·℃)]	热扩散率 (10⁻⁶ m²/s)	密度 (kg/m³)
土壤	致密黏土（含水量15%）	1.4～1.9	0.49～0.71	1925
	致密黏土（含水量5%）	1.0～1.4	0.54～0.71	1925
	轻质黏土（含水量15%）	0.7～1.0	0.54～0.64	1285
	轻质黏土（含水量5%）	0.5～0.9	0.65	1285
	致密砂土（含水量15%）	2.8～3.8	0.97～1.27	1925
	致密砂土（含水量5%）	2.1～2.3	1.10～1.62	1925
	轻质砂土（含水量15%）	1.0～2.1	0.54～1.08	1285
	轻质砂土（含水量5%）	0.9～1.9	0.64～1.39	1285
岩石	花岗岩	2.3～3.7	0.97～1.51	2650
	石灰石	2.4～3.8	0.97～1.51	2400～2800
	砂岩	2.1～3.5	0.75～1.27	2570～2730
	湿页岩	1.4～2.4	0.75～0.97	—
	干页岩	1.0～2.1	0.64～0.86	—
回填料	膨润土（含有20%～30%的固体）	0.73～0.75	—	—
	含有20%膨润土、80%SiO₂砂子的混合物	1.47～1.64	—	—
	含有15%膨润土、85%SiO₂砂子的混合物	1.00～1.10	—	—
	含有10%膨润土、90%SiO₂砂子的混合物	2.08～2.42	—	—
	含有30%混凝土、70%SiO₂砂子的混合物	2.08～2.42	—	—

附录 B 聚乙烯（PE）管外径及公称壁厚（mm）

公称外径 dn	平均外径		平均外径		
	最小	最小	最大		
			1.0MPa	1.25MPa	1.6MPa
20	20.0	20.3	—	—	—
25	25.0	25.3	—	$2.3^{+0.5}$/PE80	—
32	32.0	32.3	—	$3.0^{+0.5}$/PE80	$3.0^{+0.5}$/PE100
40	40.0	40.4	—	$3.7^{+0.6}$/PE80	$3.7^{+0.6}$/PE100
50	50.0	50.5		$4.6^{+0.7}$/PE80	$4.6^{+0.7}$/PE100
63	63.0	63.6	$4.7^{+0.8}$/PE80	$4.7^{+0.8}$/PE100	$5.8^{+0.9}$/PE100
75	75.0	75.7	$4.5^{+0.7}$/PE100	$5.6^{+0.9}$/PE100	$6.8^{+1.1}$/PE100
90	90.0	90.9	$5.4^{+0.9}$/PE100	$6.7^{+1.1}$/PE100	$8.2^{+1.3}$/PE100
110	110.0	111.0	$6.6^{+1.1}$/PE100	$8.1^{+1.3}$/PE100	$10.0^{+1.5}$/PE100
125	125.0	126.2	$7.4^{+1.2}$/PE100	$9.2^{+1.4}$/PE100	$11.4^{+1.8}$/PE100
140	140.0	141.3	$8.3^{+1.3}$/PE100	$10.3^{+1.6}$/PE100	$12.7^{+2.0}$/PE100
160	160.0	161.5	$9.5^{+1.5}$/PE100	$11.8^{+1.8}$/PE100	$14.6^{+2.2}$/PE100
180	180.0	181.7	$10.7^{+1.7}$/PE100	$13.3^{+2.0}$/PE100	$16.4^{+3.2}$/PE100
200	200.0	201.8	$11.9^{+1.8}$/PE100	$14.7^{+2.3}$/PE100	$18.2^{+3.6}$/PE100
225	225.0	227.1	$13.4^{+2.1}$/PE100	$16.6^{+3.3}$/PE100	$20.5^{+4.0}$/PE100
250	250.0	252.3	$14.8^{+2.3}$/PE100	$18.4^{+3.6}$/PE100	$22.7^{+4.5}$/PE100
280	280.0	282.6	$16.6^{+3.3}$/PE100	$20.6^{+4.1}$/PE100	$25.4^{+5.0}$/PE100
315	315.0	317.9	$18.7^{+3.7}$/PE100	$23.2^{+4.6}$/PE100	$28.6^{+5.7}$/PE100
355	355.0	358.2	$21.1^{+4.2}$/PE100	$26.1^{+5.2}$/PE100	$32.2^{+6.4}$/PE100
400	400.0	403.6	$23.7^{+4.7}$/PE100	$29.4^{+5.8}$/PE100	$36.3^{+7.2}$/PE100

附录 C 北京顺义地区能源 CFG 桩施工

图 C-1 北京顺义 CFG 桩基埋管施工现场全景

图 C-2 传感器制作

图 C-3 传感器和 HDPE 管绑扎

图 C-4 打桩和下管现场图片

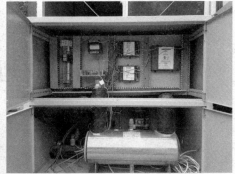

图 C-5　现场热响应测试仪器（委托丰盛新能源制作）和冷风机组

图 C-6　加热工况下热响应测试仪器连接　　图 C-7　制冷工况下热响应测试仪器连接

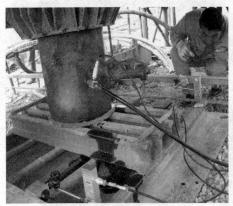

图 C-8　承载力试验图片

附录 D 天津滨海湖能源桩施工

图 D-1 打桩

图 D-2 下钢筋笼

图 D-3 绑扎换热管

图 D-4 施工完成后，换热管保温

图 D-5 堆载试验

参 考 文 献

[1] 江泽民. 对中国能源问题的思考 [J]. 上海交通大学报，2008，42（3）：345.

[2] 联合国政府间气候变化专门委员会（IPCC）. 关于气候变化的第 4 次评估报告. 2007.

[3] Hansen J，Sato M，Ruedy R，etal. Global temperature Change. Proceedings of the National Academy of Sciences of the United States of America，2006，103：14288-14293.

[4] 中华人民共和国家统计局. 中国统计年鉴（2001～2007）[M]. 北京：中国统计出版社，2001—2007.

[5] 朱家玲. 地热能开发与应用技术 [M]. 北京：化学工业出版社，2006：1-5.

[6] 国家环境保护局. 21 世纪议程 [M]. 北京：中国环境科学出版社，1993.

[7] 中国政府. 可再生能源中长期发展规划. 2007.

[8] 赵军，戴传山. 地源热泵技术与建筑节能应用 [M]. 北京：中国建筑工业出版，2007.

[9] Energy Information Administration. Office of Integrated Analysis and Forecasting. International energy outlook 2006. Washington DC：US Department of Energy，2006：8-10.

[10] NIFES Consulting Group，Gee Ltd. The complete guide to energy efficiency. United States：The Energy Saver，1999：16-20.

[11] 张志莹. 建筑节能是实现业可持续发展的必由之路 [J]. 中国工程咨询. 2006，7：18-19.

[12] 清华大学建筑节能研究中心. 中国建筑节能发展研究报告 2007 [M]. 北京：中国建筑工业出版，2007.

[13] 陈秀忠，陈洪波，刘忠，杜继洋. 浅层地热资源的开发与利用 [J]. 华北科技学院学报，2014，10：23-27.

[14] 孙增芹，韩颖. 我国浅层地热资源开发法律规制的理性思考 [J]. 生态经济，2015，09：72-75＋96.

[15] 王贵玲. 浅层地热资源的基本内涵与资源勘查评价的基本理念 [A]. 中国资源综合利用协会地温资源综合利用专业委员会、中国地质环境监测院. 浅层地温（热）能资源特性及评价方法对地源热泵工程的意义研讨会论文集 [C]. 中国资源综合利用协会地温资源综合利用专业委员会、中国地质环境监测院，2008：23.

[16] H. Brandl. Energy foundations and other thermo-active ground structures [J]. Geotechnique，2006，56（2）：81-122.

[17] 中华人民共和国可再生能源法 [J]. 可再生能源，2005，（2）：1-3.

[18] 国土资源"十一五"规划纲要 [N]. 中国国土资源报，2006-04-28002.

[19] 可再生能源发展专项资金管理暂行办法 [J]. 财政监督，2006，15：61-62.

[20] 建设事业"十一五"重点推广技术领域确定 [J]. 墙材革新与建筑节能，2007，02：6.

［21］国务院关于印发节能减排综合性工作方案的通知［J］. 辽宁省人民政府公报，2007，12：13-27.

［22］可再生能源建筑应用专项资金管理暂行办法［N］. 中国财经报，2006-09-15007.

［23］陶庆法，胡杰. 浅层地热能开发利用现状、发展趋势与对策［M］. 北京：地质出版社，2006.

［24］郝爱兵，林良俊，刘桂英，蔺文静. 浅层地温能开发利用现状和问题及对策研究［M］. 北京：地质出版社，2010.

［25］杨如辉，邹声华，刘彩霞. 浅层地热能的开发利用［J］. 徐州工程学院学报（自然科学版），2011，02：69-72.

［26］宾德智. 地热资源——可持续开发利用的清洁能源. 浅层地热能——全国地热（浅层地热能）开发利用现场经验交流会论文集［M］. 北京：地质出版社，2007：12-15.

［27］GB 50366—2005 地源热泵系统工程技术规范［S］. 北京：中国建筑工业出版社，2005.

［28］李虹，董亮，段红霞. 中国可再生能源发展综合评价与结构优化研究［J］. 资源科学，2011，03：431-440.

［29］韩芳. 我国可再生能源发展现状和前景展望［J］. 可再生能源，2010，04：137-140.

［30］孙恒虎，崔建强，毛信理. 地源热泵的节能机理［J］. 太阳能学报，2004，01：28-31.

［31］张宏宇，唐志伟. 浅层地热能的应用——地源热泵［J］. 暖通空调，2006，10：10-20＋2.

［32］Rui Fan, Yiqiang Jiasng, Yang Yao, Zuiliang Ma. Theoretical study on the performance of an integrated ground-source heat pump system in a whole year. Energy. 2008, 33：1671-1679.

［33］http：//www. energystar. gov/.

［34］R. Cutis, J. Lund, B. Sanner, et al. 地热热泵——适合于任何地方的地热能源：当前世界发展状况. 浅层地热能——全国地热（浅层地热能）开发利用现场经验交流会论文集［M］. 北京：地质出版社，2007：20-30.

［35］张佩芳. 地源热泵在国外的发展概况及其在我国应用前景初探［J］. 制冷与空调，2003，3（3）：12-15.

［36］北京市地质矿产勘察开发局，北京市地质勘查技术院. 北京浅层地温能资源［M］. 北京：中国大地出版社，2008.

［37］王贵玲，蔺文静，韩玉英，范琦，张薇. 浅层地热能研究现状及亟待开展的工作［J］. 工程建设与设计，2007，11：1-4.

［38］刁乃仁. 地热换器的传热问题研究及其工程应用［D］. 北京：清华大学，2004.

［39］宗显雷. 地热桩基的分析与设计［D］. 北京：清华大学，2010.

［40］Morino K, Oka T. Study on heat exchanged in soil by circulating water in a steel pile［J］. Energy and Buildings，1994，21（1）：65-78.

［41］Pahud D, Fromentin A, Hubbuch M. Heat exchanger pile system for heating and cooling at Zurich Airport［J］. IEA Heat Pump Centre Newsletter，1999，17（1）：15-16.

［42］Laloui Lyesse, Morerni Matteo, Vulliet Laurent. Behavior of a bi-functional pile；foundation and heat exchanger［J］. Canadian Geotechnical Journal，2003，40（2）：388-402.

［43］Laloui L, Nuth M, Vulliet L. Experimental and numerical investigations of the behaviour of a heat exchanger pile［J］. International Journal for Numerical and Analytical Methods in Geomechanics，2006，30（8）：763-781.

［44］ Yasuhiro Hamada，Hisashi Saitoh，et al. Field performance of an energy pile system for space heating ［J］. Energy and Buildings，2007，39：517-524.

［45］ K Nagano，K Hayashi，T Kazura，T Hayashi. Design of a Local Library Utilized Natural Ventilation System and Ground Coupled Energy System by Using Steel Foundation Piles ［R］. Proceedings of 9th International Conference on Thermal Energy Storage，2003（1）.

［46］ Ooka R，Sekine K，Mutsumi et al. Development of a Ground Source Heat Pump System with Ground Heat Exchanger Utilizing the Cast-in Place Concrete Pile Foundations of a Building ［J］. EcoStock，2007（8）.

［47］ Kentaro Sekine et al. Development of a Ground-Source Heat Pump System with Ground Heat Exchanger Utilizing the Cast-In-Place Concrete Pile Foundations of Buildings ［J］. ASHRAE Transactions，2007（113）.

［48］ Omer A M. Ground-Source Heat Pump Systems and Applications ［J］. Renewable and Sustainable Energy Reviews，2008（2）.

［49］ Katsunori Nagano. Energy Pile Systems in Japan ［J］. IEA Heat Pump Centre Newsletter，2010（1）.

［50］ EPRI.（Bose，J. E.，Editor）Soil and Rock Classification for the Design of Ground-Coupled Heat Pump Systems-Field Manual ［S］. Electric Power Rescarch Institute Special Report，EPRI CU-6600. 1989.

［51］ IGSHPA.（Bose，J. E，Editor）Design and Installations Standards ［S］. 1991.

［52］ GB/T 19409—2003. 水源热泵机组 ［S］. 北京：中国标准出版社，2003.

［53］ GB 50366—2005. 地源热泵系统工程技术规范 ［S］. 北京：中国建筑工业出版社，2005.

［54］ 王佳玉，周德源，薇薇安·洛夫特尼斯. 绿色建筑暖通空调方案——能源桩系统及其发展综述 ［J］. 学术研究，2012（01）：50-55.

［55］ 龚宇烈，赵军，李新国，等. 浅层桩埋换热器的实验研究与工程应用 ［A］. 全国暖通空调制冷 2002 年学术年会 ［C］，2002 年广东珠海.

［56］ 余乐渊，赵军，李新国，等. 竖埋螺旋管地热换热器理论模型及实验研究 ［J］. 太阳能学报，2004，25（5）：690-694.

［57］ 李新国，陈志豪，等. 桩埋管与井埋管实验与数值模拟 ［J］. 天津大学学报，2005，38（8）：679-683.

［58］ 赵军，王华军. 密集型桩埋换热器管群周围土壤换热特性的数值模拟 ［J］. 暖通空调，2006，36（2）：11-14.

［59］ 唐志伟，郑鹏，张宏宇，等. 桩埋管热泵地下换热器工艺研究 ［J］. 可再生能源，2007，22：24-25.

［60］ 李魁山，张旭，高军，刘俊. 桩基式土壤源热泵换热器换热性能及土壤温升研究 ［C］. 中国制冷学会 2007 学术年会论文集，杭州，2007：54-59.

［61］ 孙猛，夏才初，张国柱，等. 地下连续墙内埋管换热器传热性能的试验研究 ［J］. 中国矿业大学学报，2012，41（2）：225-230.

［62］ H. Brandl. Ground-source energy wells for heating and cooling of buildings ［J］. ACTA

Geotechnica Slovenica, 2006 (1)：5-27.

[63] M. de Moel, P. M. Bach, A. Bouazza, R. M. Singh, J. L. O. Sun. Technological advances and applications of geothermal energy pile foundations and their feasibility in Australia [J]. Renew Sustain Energy Reviews, 2010 (14)：2683-2696.

[64] C. G. Olgun, S. L. Abdelaziz, J. R. Martin. Long term performance of heat exchanger piles. Coupled phenomena in environmental geotechnics, London, UK：CRC Press, 2013：511-517.

[65] Mohammed, Faizala, Abdelmalek, Bouazza, Rao, M, Singh. Heat transfer enhancement of geothermal energy piles [J]. Renewable and Sustainable Energy Reviews, 2016, 57 (5)：15-33.

[66] Brandl H. Energy Foundations and Other Thermal-Active Ground Structures [J]. Geotechnique, 2006, 56 (2)：81-122.

[67] Bourne-Webb, P. J., Amatya, B., Soga, K., et al. Energy pile test at Lambeth College, London：geotechnical and thermodynamic aspects of pile response to heat cycles [J]. Géotechnique, 2009, 59 (3)：237-248.

[68] 桂树强. 能源桩传热分析与结构响应试验研究 [D], 北京：清华大学, 2012.

[69] X. G. Li, Y. Chen, Z. H. Chen, J. Zhao. Thermal Performances of Different Types of Underground Heat Exchangers [J]. Energy and Buildings, 2006, 38：543-547.

[70] B. Sanner, G. Hellstrm, J. Spitler, S. Gehlin. Thermal Response Test-current Status and World-wide Application [C]. Proceedings of Word Geothermal Congress 2005, Antalya, Turkey, 2005：24-29.

[71] 孔华彪, 廖胜明, 刘越. 垂直地埋管换热器的性能 [J]. 可再生能源, 2010, 06：133-136.

[72] Jun Gao, Xu Zhang, Jun Liu, et al. Numerical and experimental assessment of thermal performance of vertical energy piles：An application. Applied Energy, 2008, 85：901-910.

[73] 刘俊, 张旭, 高军, 李魁山. 桩基与钻孔埋管地源热泵传性能的对比 [M]. 北京：地质出版社, 2008.

[74] Loveridge, F. The thermal performance of foundation piles used as heat exchangers in ground energy systems. Universityof Southampton, Faculty of Engineering and the Environment, DoctoralThesis, 2012：206.

[75] Carslaw H S. Introduction to the mathematical theory of conduction heat in solids. Dover Pub., 1921.

[76] Theis C V. The relation between the lowering of piezometric surface and rate and duration of discharge a well using ground water storage [M]. US Department of the Interior, Geological Survey, Water Resources Division, Ground water Branch, 1935.

[77] Carslaw H S, Jaeger J C. Conduction of Heat in Solids. Oxford：The Clarendon Pres., 1947.

[78] Ingersoll L R, Plass H J. Theory of the ground pipe heat source for the pump. ASHVE transactions, 1948, 47 (7)：339-348.

［79］ Mogensen，P. Fluid to duct wall heat transfer in system storages. International Conference on Subsurface Heat Storage in Theory and Practice. Stockholm，Sweden，Appendix，Part Ⅱ，1983：652-657.

［80］ Eskilson P. Thermal analysis of heat extraction boreholes ［D］. 1987.

［81］ Ingersoll L R. Heat conduction：with engineering，geological，and other applications. University of Wisconsin Press，1954.

［82］ Bernier M A. Sysposium Papers-AT-01-8 Pumping Design and Performance Modeling of Geothermal Heat Pump Systems-Ground-Coupled Heat Pump System Simulation. ASHRAE Transactions-American Society of Heating Refrigerating Airconditioning Engineering，2001，107（1）：605-616.

［83］ 刘俊红，张文克，方肇洪. 桩埋螺旋管式地热换热器的传热模型 ［J］. 山东建筑大学学报，2010，25（2）：95-100.

［84］ Lei TK. Development of a computational model for a ground-coupled heat exchanger. ASHRAE Transactions，1993，99（1）：149-159.

［85］ Rottmayer SP，Beckman WA，Mitchell JW. Simulation of a single vertical U-tube ground heat exchanger in an infinite medium. ASHRAE Transactions，1997，103（2）：651-659.

［86］ R Al-Khoury，PG Bonnier，RBJ Brinkgreve. Efficient finite formulation for geothermal heating systems. Part I：Steady state. International Journal For Numerical Methods in Engineering，2005，63：988-1013.

［87］ R Al-Khoury，PG Bonnier. Efficient finite formulation for geothermal heating systems. Part II：Transient. International Journal For Numerical Methods in Engineering，2006，67：725-745.

［88］ CK Lee，HN Lam. Computer simulation of borehole ground heat exchangers for geothermal heat pump systems. Renewable Energy，2008，33：1286-1296.

［89］ Zhongjian Li，Maoyu Zheng. Development of a numerical model for the simulation of vertical U-tube ground heat exchangers. Applied Thermal Engineering，2009，29：920-924.

［90］ Gehlin，S. E. ，& Hellstrom，G. 4612 Comparison of Four Models for Thermal Response Test Evaluation. ASHRAE Transactions-American Society of Heating Refrigerating Airconditioning Engin，2003，109（1）：131-142.

［91］ 张国柱，夏才初，马绪光，李攀，魏强. 寒区隧道地源热泵型供热系统岩土热响应试验 ［J］. 岩石力学与工程学报，2012，01：99-105.

［92］ Roth P. ，Georgiev A. ，Busso A. ，et al. First in situ determination of ground and borehole thermal properties in Latin America ［J］. Renewable energy，2004，29（12）：1947-1963.

［93］ Michopoulosv F. ，Kyriakis N. Predicting the fluid temperature at the exit of the vertical ground heat exchangers ［J］. Applied Energy，2009，86（10）：2065-2070.

［94］ Eklöf C，Gehlin S. TED-a mobile equipment for thermal response test：testing and evaluation，1996.

［95］ Austin III W A. Development of an in situ system for measuring ground thermal properties. Oklahoma State University，1998.

［96］ 于明志，方肇洪. 现场测试地下岩土平均热物性参数方法 ［J］. 热能动力工程，2002，

17（5）：489-492.

[97] 马志同. 浅层岩土热物性参数测量仪的研制 [D]. 北京：中国地质大学，2006.

[98] 刘立芳，王瑞华，张亚庭，丁良士. 土壤导热系数现场测定仪的研制及误差分析；制冷空调新技术进展——第四届全国制冷空调新技术研讨会论文集，2006.

[99] 王庆华. 浅层岩土体热物理性质原位测试仪的研制及传热数值模拟 [D]. 长春：吉林大学，2009.

[100] American Society of Heating, Refrigerating and Air-Conditioning Engineers（ASHRAE）. 2011 ASHRAE Handbook：Heating, Ventilating, and Air-Conditioning Applications. Atlanta, USA：American Society of Heating, Refrigerating and Air-Conditioning Engineers，2011.

[101] 地下建筑暖通空调设计手册编写组. 地下建筑暖通空调设计手册. 北京：中国建筑工业出版社，1983.

[102] 周学明. 干作业钻孔钢筋混凝土灌注桩质量问题研究 [J]. 施工技术，2010，S1：43-45.

[103] 鹿中山，占素敏，刘腾飞，刘灯. 泥浆护壁成孔灌注桩的施工与质量控制 [J]. 工程与建设，2011，06：802-803+810.

[104] 程宏，邢益火. 套管成孔灌注桩的质量控制 [J]. 安徽冶金科技职业学院学报，2008，04：50-51.

[105] 李彬. 人工挖孔灌注桩的研究与实践 [D]. 昆明：昆明理工大学，2008.

[106] 吴贤国. 土木工程施工 [M]. 北京：中国建筑工业出版社，2010.

[107] GB/T 13663 给水用聚乙烯（PE）管材 [S]. 北京：中国质检出版社，2000.

[108] GB/T 19473.2 冷热水用聚丁烯（PB）管道系统 第2部分：管材 [S]. 北京：中国标准出版社，2004.

[109] 邓立军，赵国林. 地源热泵地埋管施工探讨 [J]. 建筑施工，2008，30（8）：702-704.

[110] 龚莹. 浅谈钢筋笼的制作与吊放 [J]. 科技传播，2010，24：212+211.

[111] 陈洋，王玲. 水下导管法浇筑混凝土技术在龚嘴水电站水下修补中的应用 [J]. 水力发电，2011，08：49-51.

[112] GB 50164—2011 混凝土质量控制标准 [S]. 北京：中国建筑工业出版社，2011.

[113] 张良均，王靖涛，李国成. 小波变换在桩基完整性检测中的应用 [J]. 岩石力学与工程学报，2002，21（11）：1735-1737.

[114] 康丽. 高性能混凝土配合比及无损检测技术的试验研究 [D]. 济南：山东大学，2007.

[115] 罗兴盛. 混凝土无损检测技术开发及应用研究 [D]. 重庆：重庆大学，2008.

[116] 刘钊. 超声回弹综合法混凝土无损检测试验研究 [J]. 河南城建学院学报，2009，06：11-13.

[117] 陈国栋. 超声波在混凝土桩基础无损检测中的应用研究 [D]. 武汉：武汉理工大学，2005.

[118] 张良均，王靖涛，李国成. 小波变换在桩基完整性检测中的应用 [J]. 岩石力学与工程学报，2002，11：1735-1738.

[119] 董立文. 超声法桩基完整性检测技术应用分析 [J]. 甘肃科学学报，2003，S1：

192-194.

[120] 张庆华. 基桩承载力检测方法和发展现状 [J]. 建筑与工程, 2009,（3）：336-384.

[121] JGJ 106—2014 建筑基桩检测技术规范 [S]. 北京：中国建筑工业出版社, 2014.

[122] 薛建新. 锚桩横梁反力装置在静载试验中的应用 [J]. 山西建筑, 2006, 24：109-110.

[123] 张禄祺, 肖洋, 陈静曦, 倪俊. 钻孔灌注桩堆载法静压试验检测承载力 [J]. 湖南交通科技, 2002, 04：73-74＋77.

[124] 高志先. 浅谈大吨位单桩竖向抗压静载锚桩压重联合法检测技术 [J]. 江西建材, 2015, 18：94-95.

[125] 吴玉华. 地基、基桩静载试验的几种反力装置的应用 [J]. 江西建材, 2011, 01：60-61.

[126] 佟建兴, 胡志坚, 闫明礼, 王明山. CFG桩复合地基承载力确定 [J]. 土木工程学报, 2005, 07：87-91.

[127] 彭世江. CFG桩复合地基计算与分析 [D]. 成都：西南交通大学, 2004.

[128] 黄骁. CFG桩在地基处理中的应用研究 [D]. 长春：吉林大学, 2004.

[129] 徐伟. 中国地源热泵发展研究报告 [M]. 北京：中国建筑工业出版社, 2008.

[130] JGJ 79—2012 建筑地基处理技术规范 [S]. 北京：中国建筑工业出版社, 2012.

[131] K Nagano, K Hayashi, T Kazura, T Hayashi. Design of a Local LibraryUtilized Natural Ventilation System and Ground Coupled Energy Systemby Using Steel Foundation Piles [R]. Proceedings of 9th International Conference on Thermal Energy Storage, 2003 (1).

[132] 闫明礼, 张东刚. CFG桩复合地基技术及工程实践 [M]. 北京：中国建筑工业出版社, 2002.

[133] Caichu Xia, Meng Sun, et al. Experimental study on geothermal heat exchangers buried in diaphragm walls [J]. Energy and Buildings, 2012, 52：50-55.

[134] Brandl H. Piles for heating and cooling of buildings [C]. Seventh International Conference & Exchibition on Pilling and Deep Foundation, Vienna, Austria, 1998.

[135] 李元旦, 张旭, 周亚素, 等. 土壤源热泵冬季工况启动特性的试验研究 [J]. 暖通空调, 2001, 31 (1)：17-20.

[136] 高青, 乔广, 于鸣, 等. 地热利用中的地温可恢复特性及其传热的增强 [J]. 吉林大学学报：工学版, 2004, 34 (1)：107-111.

[137] 乔卫来, 陈九法, 薛琴, 等. 地埋管热响应测试及数据分析方法 [J]. 流体机械, 2010, 38 (6)：60-64.

[138] 王文. 桩基埋管对桩承载特性的影响研究 [D]. 济南：山东建筑大学, 2007.

[139] Bourne-Webb, P. J., Amatya, B., Soga, K., et al. Energy pile test at Lambeth College, London: geotechnical and thermodynamic aspects of pile response to heat cycles [J]. Géotechnique, 2009, 59 (3)：237-248.

[140] B. L. Amataya, K. Soga, P. J. Bourne-Webb, T. Amis, L. Laloui. Thermo-mechanical behaviour of energy piles [J]. Géotechnique, 2012, 62 (6)：503-519.

[141] Bourne-Webb, P. J. Amataya, B. L. & Soga, K.. A framework for understanding ener-

gy pile behavior [J]. Proceedings of the ICE—Geotechnical Engineering，2012.

[142] 苏荣臻，鲁先龙，满银. 成桩方式对微型桩承载力影响的室内试验研究 [J]. 建筑科学，2012，03：58-60.

[143] 柴源. 灌注桩成孔工艺对桩侧摩阻力影响的试验研究 [D]. 兰州：兰州大学，2014.

[144] 罗梅芳，宁忠东. 钻孔灌注桩施工质量控制要点 [J]. 北京：中国西部科技，2009，17：43-44+89.

[145] 佟明文. 灌注桩施工质量控制与事故预防 [D]. 中国地质大学（北京），2007.

[146] 张博. 灌注桩施工质量控制研究 [D]. 北京：北京交通大学，2008.

[147] GB 50010—2010. 混凝土结构设计规范 [S]. 北京：中国建筑工业出版社，2010

[148] JGJ 94—2008. 建筑桩基技术规范 [S]. 北京：中国建筑工业出版社，2008.

[149] 刘杰. 复合地基中垫层技术及桩土相互作用 [D]. 长沙：中南大学，2003.

[150] 刘振. 被动桩桩土相互作用的模型与计算方法研究 [D]. 杭州：浙江大学，2008.

[151] 吴建林，邹祖绪，龚静. 地下水渗流对土壤耦合热泵换热器传热的影响 [J]. 辽宁工程技术大学学报（自然科学版），2009，28：246-248.

[152] Salomone L. , Kovacs W. , Kusuda T. Thermal Performance of Fine-Grained Soils [J]. Journal Geotechnical. Engineering，1984，110 (3)，359-374.

[153] Witte HJL，Gelder AJV，Serro M. Comparison of design and operation of a commercial UK ground source heat pump project [C]. 1st International Confermal Ground Heat Exchanger，2001.

[154] Witte HJL. Geothermal response tests with heat extraction and heat injection：example of application in research and design of geothermal ground-heat-exchangers，2001.

[155] Kavanaugh S P. Field tests for ground thermal properties-methods and impact on ground-source heat pump [J]. ASHRAE Transactions，1998，104 (2)：347-355.

[156] 李文柱. 桩基螺旋管式换热器传热特性数值模拟 [D]. 重庆：重庆大学，2014.

[157] 谈昊晨. 岩土热—流耦合模型研究及其在地源热泵埋管换热器中的应用 [D]. 清华大学，2012.

[158] 吴华剑. 桩基螺旋埋管换热器换热性能研究 [D]. 重庆：重庆大学，2012.

[159] Chiasson A D，Rees S J，Spitler J D. A preliminary assessment of the effects of ground-water flow on closed-loop ground-source heat pump systems [J]. ASHRAE Transactions，2000.

[160] Gustafsson AM，Westerlund L. Multi-injection ratethermalresponsetestin groundwater filled borehole heat exchanger. Renewable Energy，2010，35：1061-1070.

[161] Kersten，M. S. Laboratory Research for the Determination of the Thermal Properties of Soils. ACFEL Technical Report 23，AD71256，1949. （Also：Thermal properties of soils. University of Minnesota Engineering Experiment Station Bulletin No. 28）.

[162] Harlan，R. L. , J. F. Nixon. Ground thermal regime. Chap. 3 in Geotechnical Engineering for Cold Regions，ed. O. B. Andersland and D. M. Anderson. New York：McGraw-Hill，1978：103-63.

[163] Witte H J L. Geothermal response tests with heat extraction and heat injection：example of application in research and design of geothermal ground heat exchangers，2001.

[164] DIH Huber, IU Arslan. Geothermal Field Tests with Forced Groundwater Flow. Proceedings.

[165] H Huber, U Arslan. Characterization of Heat Transport Processes in Geothermal Systems, Springer International Publishing, 2014, 8 (2): 551-565.

[166] Huber, H. Arslan, U. Stegner, J. Sass, I. Huber, H., Arslan, U., Stegner, J., Sass, I. Experimental and numerical modelling of geothermal energy transport, Proceedings.

[167] Witte, H. J. L. van Gelder, A. J. Geothermal Response Tests using controlled multi power level heating and cooling pulses (MPL-HCP): Quantifying groundwater effects on heat transport around a borehole heat exchanger [C]. New Jersey: Proceedings of Ecostock, 2006.

[168] E. Hassani Nezhad Gashti, M. Malaska, K. Kujala, Analysis of thermo-active pile structures and their performance under groundwater flow conditions, Energy and Buildings, 2015, 105: 1-8.

[169] Francesco Cecinato, Fleur A. Loveridge, Influences on the thermal efficiency of energy piles. Energy, 2015, 82: 1021-1033.

[170] 杨卫波, 施明恒. 基于线热源理论的垂直 U 型埋管换热器传热模型的研究 [J]. 太阳能学报, 2007, 05: 482-488.

[171] 李新国. 埋地换热器内热源理论与地源热泵运行特性研究 [D]. 天津: 天津大学, 2004.

[172] 石磊. 桩基螺旋管地热换热器导热模型分析与实验研究 [D]. 济南: 山东建筑大学, 2010.

[173] 曲云霞. 地源热泵系统模型与仿真 [D]. 西安: 西安建筑科技大学, 2004.

[174] 周超. 竖直埋管换热器传热过程的数值模拟 [D]. 重庆: 重庆大学, 2012.

[175] 宋小飞, 温治, 司俊龙. 地源热泵 U 型管地下换热器的 CFD 数值模拟 [J]. 北京科技大学学报, 2007, 03: 329-333.

[176] 纪世昌. 土壤源热泵 U 型垂直埋管温度场数值模拟研究 [D]. 武汉: 华中科技大学, 2006.

[177] 毛佳妮. 竖直 U 型埋管换热性能研究及其工程应用 [D]. 武汉: 华中科技大学, 2007.

[178] 於仲义. 土壤源热泵垂直地埋管换热器传热特性研究 [D]. 武汉: 华中科技大学, 2008.

[179] 郭涛. 地源热泵系统垂直 U 型地埋管换热器的实验与数值模拟研究 [D]. 重庆: 重庆大学, 2008.

[180] 曾宪斌. 地源热泵垂直 U 型埋管换热器周围土壤温度场的数值模拟 [D]. 重庆: 重庆大学, 2007.

[181] 刘正华. 地源热泵系统埋地换热器的理论研究及经济性分析 [D]. 上海: 同济大学, 2007.

[182] 乔卫来, 陈九法, 薛琴, 郑红期. 地埋管换热器热响应测试与模拟研究 [J]. 建筑热能通风空调, 2010, 01: 1-4+12.

[183] 张新宇, 高建岭, 王晓纯. U 型埋管土壤源热泵土壤温度场的有限元分析 [A]. 北京力学会. 北京力学会第 11 届学术年会论文摘要集 [C]. 北京力学会, 2005: 2.

[184] 朱晓林, 高青, 于鸣, 王有镗, 张天时. 地下换热器结构热形变实验与数值模拟研究

［J］.应用基础与工程科学学报，2013，04：756-766.

［185］范萍萍.U 型管土壤源热泵系统设计与运行策略的研究［D］.大连：大连理工大学，2006.

［186］王欣.地源热泵地下垂直式埋管换热器换热研究［D］.杭州：浙江大学，2004.

［187］肖峰.基于热泵系统的地热交换分析［D］.北京：北方工业大学，2007.

［188］Salomone L A, Kovacs W D, Kusudat. Thermal performance of fine-graines soils［J］. Geotechnical Engineering ASCE，1990（116）：359-374.

［189］Ewan J, Thomas H R. The thermal probe-a new method and its use on an unsaturated sand［J］.Geotechnique，1987，37（1）：91-105.

［190］Kersten, M. S. Laboratory Research for the Determination of the Thermal Properties of Soils［R］. ACFEL Technical Report 23，1949. AD71256.（Also：Thermal properties of soils. University of Minnesota Engineering Experiment Station Bulletin No. 28）.

［191］Harlan, R. L. , J. F. Nixon. Ground thermal regime. Chap. 3 in Geotechnical Engineering for Cold Regions［M］.O. B. Andersland and D. M. Anderson. New York：McGraw-Hill，1978：103-163.

［192］Farouki, O. T. Thermal Properties of Soils［J］.U. S. Army Cold Regions Research and Engineering Laboratory Monograph 81-1，1981.

［193］Abu-Hamdeh N H. Measurment of the thermal conductivity o f sandy loam and clay loam soils using single and dual probes［J］.Journal of Agricultural Engineering Research，2001，80（2）：209-216.

［194］Donazzi F. Soil Thermal and hydrogical characteristics in designing under ground cables［J］.IEE Proceeding，1977（123）：506-516.

［195］苏天明，刘彤，李晓昭，等.南京地区土体热物理性质测试与分析［J］.岩石力学与工程学报，2006，25（16）：1278-1283.

［196］Bear J. Dynamics of fluids in porous media［M］. American Elsevier Publishing Company Incorporated，1972.

［197］王勖成.有限单元法［M］.北京：清华大学出版社，2003

［198］DB/T 29-191—2009 天津市地基土层序划分技术规程［S］.天津：天津建设教育培训中心，2009.

［199］吴跃红，曾世东.振弦式应变计测试混凝土线膨胀系数的研究［J］.交通标准化，2014，23：78-81.

［200］李滨，钟文斌，林飞振.振弦式应变计数学模型的比较分析［J］.上海计量测试，2013，04：8-11.